能源与电力分析年度报告系列

2020

国内外电网发展分析报告

国网能源研究院有限公司　编著

中国电力出版社
CHINA ELECTRIC POWER PRESS

内 容 提 要

　　《国内外电网发展分析报告》是能源与电力分析年度报告系列之一，主要对典型国家和地区的经济能源、电力供需、电网发展情况进行持续跟踪，对比分析国内外电网发展水平，并总结电网技术最新进展和电网安全可靠性，以期为关注电网发展的各方面人士提供借鉴和参考。

　　本报告主要分析了 2019 年以来国外主要国家和地区的经济能源概况、电力供需情况、电网发展水平；针对中国电网，进一步分析了发展环境、电网投资、电网规模、输电网架结构、配网发展、运行交易等情况；比较分析了 2019 年典型国家和地区电网发展水平和未来发展趋势及重点；归纳阐述了 2019 年以来国内外电网相关技术的重要进展情况；分析了 2019 年国内外电网安全可靠性情况，以及典型停电事故的原因和启示，总结分析了新冠肺炎疫情防控对完善电网安全应急体系的启示。

　　本报告适合能源电力行业尤其是电网企业从业者、国家相关政策制定者、科研工作者、高校电力专业学生参考使用。

图书在版编目（CIP）数据

国内外电网发展分析报告 . 2020/国网能源研究院有限公司编著 . —北京：中国电力出版社，2020.11
（能源与电力分析年度报告系列）
ISBN 978 - 7 - 5198 - 5172 - 9

Ⅰ . ①国…　Ⅱ . ①国…　Ⅲ . ①电网—研究报告—世界—2020　Ⅳ . ①TM727

中国版本图书馆 CIP 数据核字（2020）第 226062 号

审图号：GS（2020）6046 号

出版发行：中国电力出版社
地　　址：北京市东城区北京站西街 19 号（邮政编码 100005）
网　　址：http：//www. cepp. sgcc. com. cn
责任编辑：刘汝青（010-63412382）　孟花林
责任校对：黄　蓓　郝军燕
装帧设计：赵姗姗
责任印制：吴　迪

印　　刷：北京瑞禾彩色印刷有限公司
版　　次：2020 年 11 月第一版
印　　次：2020 年 11 月北京第一次印刷
开　　本：787 毫米×1092 毫米　16 开本
印　　张：11.5
字　　数：157 千字
印　　数：0001—2000 册
定　　价：88.00 元

能源与电力分析年度报告

编 委 会

主　任　张运洲

委　员　吕　健　蒋莉萍　柴高峰　李伟阳　李连存

　　　　张　全　王耀华　郑厚清　单葆国　马　莉

　　　　郑海峰　代红才　鲁　刚　韩新阳　李琼慧

　　　　张　勇　李成仁

《国内外电网发展分析报告》

编 写 组

组　长　韩新阳　靳晓凌

主笔人　张　玥　曹子健

成　员　王旭斌　边海峰　神瑞宝　张　晨　张　琛

　　　　朱　瑞　乔　丰　田　鑫　张　岩　张　钧

　　　　代贤忠　谢光龙　柴玉凤　冯庆东　周　峰

　　　　邱洪基　李　健　谷　毅　张　翼　张　克

　　　　王　东　王学军　张贺军　严　胜　翁　强

　　　　葛　睿　刘　拓　沙宇恒　刘思革　苏　峰

　　　　胡兆意　孟晓丽　崔　凯　赵国亮

　　电网作为将电力输送至用户的重要媒介，其建设和发展水平在一定程度上反映所在区域或国家的能源电力行业发展水平。随着世界范围内能源转型持续推进，电网服务经济社会发展方面不断呈现出新的特点，有必要结合国内外宏观经济发展环境和能源电力政策，对电网发展、技术进步、安全与可靠性等进行持续跟踪分析，为政府部门、电力行业及社会各界提供决策参考和专业信息。

　　《国内外电网发展分析报告》是国网能源研究院有限公司推出的"能源与电力分析年度报告系列"之一，重点对国内外电网发展的关键问题开展研究和分析。本报告主要特点及定位：一是突出对电网发展领域的跟踪，从数据的延续性角度对国内外电网发展情况进行量化分析；二是建立国内外电网发展评价指标体系和方法，对比主要国家和地区的电网发展水平及发展趋势；三是突出年度报告特点，加强对数据的整理和分析，总结归纳电网的年度发展特点。

　　本报告共分为5章。第1章聚焦国外电网发展，分析了北美、欧洲、日本、巴西、印度、非洲、俄罗斯、澳大利亚等国家和地区电网发展环境及发展现状；第2章聚焦中国电网发展，分析了中国电网发展环境、发展现状、发展成效和发展特点；第3章聚焦国内外电网发展对比与趋势分析，从电网规模与速度、电网安全与质量、电网发展协调性、电网发展清洁性、电网服务能力、电网智能化水平等方面构建指标体系，量化分析主要国家和地区电网发展水平，总结未来转型趋势；第4章聚焦电网技术发展，阐述了输变电、配用电、储能技术和电网智能化数字化技术的年度发展重点，展望电力前沿技术发展趋势；第5

章聚焦电网安全与可靠性，对国内外电网可靠性指标进行对比，对国外电网典型停电事件进行深入分析，并总结新冠肺炎疫情防控对完善电网安全应急体系的启示。

本报告中的经济、能源消费、电力装机容量、发电量、用电量、用电负荷、供电可靠性等指标数据，以各国家和地区电网的2019年统计数据为准；限于数据来源渠道有限，部分指标的数据获取有所滞后，以2018年数据进行分析；重点政策、重大事件等延伸到2020年。

本报告概述部分由张玥、曹子健、边海峰、王旭斌主笔，第1章由张玥、神瑞宝、乔丰、朱瑞主笔，第2章由曹子健、朱瑞主笔，第3章由张玥、神瑞宝、乔丰、曹子健主笔，第4章由王旭斌、张琛主笔，第5章由边海峰、张晨、代贤忠主笔。全书由张玥、曹子健统稿，由韩新阳、靳晓凌、张钧、代贤忠校核。

在本报告的调研、收资和编写过程中，得到了国家电网有限公司研究室、发展部、安监部、营销部、设备部、科技部、国际部、国调中心及北京交易中心等部门的悉心指导，得到了中国电力企业联合会、电力规划设计总院、国网经济技术研究院有限公司、全球能源互联网研究院有限公司、中国电力科学研究院有限公司等单位相关专家的大力支持，在此表示衷心感谢！

限于作者水平，虽然对书稿进行了反复研究推敲，但难免仍会存在疏漏与不足之处，恳请读者谅解并批评指正！

编著者

2020 年 10 月

目 录
CONTENTS

前言

概　述

2019 年，全球经济总量（GDP）增速 2.9%，同比降低 0.7 个百分点[1]。全球能源消费增速放缓，主要增长点来自发展中经济体，电能占终端能源消费的比重持续提高，可再生能源占比保持上升趋势。全球发电量稳步增长，中国和美国发电量稳居世界前两位，中国能源强度同比下降 3.0%，低于金砖国家平均水平，但仍高于世界平均水平。

本报告对北美、欧洲、日本、巴西、印度、非洲、俄罗斯、澳大利亚等国外典型国家和地区以及中国电网所处环境和发展情况进行分析，对比发展水平，展望发展趋势，并总结技术最新进展和安全可靠性情况。报告的主要结论和观点如下：

（一）国外能源电力及电网发展情况

（1）各国家和地区经济增速放缓，不同发展阶段国家能源消费增速呈现分化趋势。 从经济发展看，2019 年世界各主要国家和地区经济增速差异明显，北美、欧洲、日本、印度、巴西、非洲、俄罗斯、澳大利亚分别为 2.3%、1.5%、0.3%、5.0%、1.6%、2.5%、1.3%、1.9%，除巴西增速略有反弹外，其他经济体增速均不同程度回落。从能源消费看，2019 年不同发展阶段经济体表现分化，北美、欧洲、日本能源消费总量较上年分别下降 1%、1.9%、0.9%，印度、巴西、非洲、俄罗斯、澳大利亚分别上升 0.8%、0.45%、1.9%、1.8%、6.3%。从能源消费强度看，北美、欧洲、日本、巴西、印度、非洲分别下降 3.2%、3.4%、1.2%、1.2%、3.3%、1.2%，俄罗斯、澳大利亚分别上升 0.4%、4.4%。除澳大利亚外，发达经济体能源消费总量和能源强度呈现不同程度下降，发展中经济体能源消费总量保持增长，能源强度有所降低或略有增长。

（2）各国家和地区持续推进能源清洁低碳转型，能源安全关注度提升。 美国对能源基础设施安全审查力度不断加码，联邦政府和各州政府在新能源战略

---

[1] 数据来源：IMF《世界经济展望》，2020 年 4 月。

上意见分化。欧洲推进能源系统一体化和氢能发展。日本大力推进可再生能源和氢能发展，同时加强能源安全体系建设。巴西以能源市场化改革推动能源价格下降，并持续推动光伏发电发展。印度持续大力发展可再生能源，推动电动交通计划。非洲扶持可再生能源发展，并鼓励发展独立发电商。俄罗斯提出新的能源战略，在确保国内能源供给前提下，稳固其在世界能源市场中的地位。澳大利亚加强能源数据利用，推动分布式能源和清洁能源发展。

(3) 各国家和地区电力装机清洁转型趋势明显，可再生能源发电装机容量和发电量大幅攀升。从装机容量看，2019 年世界主要国家或地区新增装机容量普遍以可再生能源发电装机容量（含水电）为主，北美、日本、印度、巴西、非洲、俄罗斯、澳大利亚新增装机容量中可再生能源装机容量占比分别达到 11.4%、56.7%、65.1%、86.7%、46.6%、18.1%、98.1%。从发电量看，北美、印度、非洲、俄罗斯等地区可再生能源发电量增长迅速，较上年分别增长 3.0%、6.5%、6.1%、26.1%。

(4) 各国家和地区电网区域间互联不断推进，跨国跨区交易规模有升有降。各国电网规模保持稳定增长，用于满足增长的电力需求、提升跨区输电能力、促进新能源消纳等。欧洲互联电网、澳大利亚东南部联合电网、俄罗斯联合电力系统持续加强，日本规划建设或升级多条主干输电线路和东西部电网联络换流站，巴西继续寻求南美区域电网互联，与多国规划建设互联通道。跨国跨区交易电量情况则有所分化，印度、非洲、巴西、澳大利亚交易电量继续攀升，分别增长 8.5%、8.9%、24.5%、6.7%，日本交易电量则明显下降，降幅达到 21%。

（二）中国电网发展情况

(1) 能源消费伴随经济稳步增长，单位能耗持续下降。2019 年，中国国内生产总值（GDP）达到 99.09 万亿元，居世界第二位，同比增长 6.1%，在经济总量 1 万亿美元以上的经济体中增速位居第一。中国能源消费总量达到 3284Mtoe，同比增长 3.2%。中国能源强度连续多年下降，2019 年达到

0.128kgoe/美元（2015 年价），同比下降 3%，但仍高于世界平均水平约 16%，仍有下降空间。

（2）电网建设投资向配电网倾斜的趋势明显。2019 年全国电网投资较上年小幅下降，其中，110kV 及以下电压等级电网投资 3149 亿元，同比上升 1.7%，220kV 及以上电压等级电网投资 1523 亿元，同比下降 6.2%。

（3）特高压建设平稳推进，区域网架结构不断优化。特高压交直流输电工程建设保持平稳，2019 年以来投运"三交两直"，截至 2020 年 9 月，中国在运特高压线路达到"十三交十五直"。为保障能源战略实施，各区域电网内部不断优化，西南、西北、东北电网发挥资源优势，加强区域网架结构，促进能源电力外送；华东、华北、华中、南方电网侧重于满足负荷增长需求，提升供电可靠性及电网稳定性。

（4）配电网城乡一体化均等化水平不断提升。配电网投资力度不断加大，配电网规模大幅提升，供电能力不断加强，配电网结构持续优化，供电质量稳步上升。分布式电源占比进一步提高，源网荷协调发展进一步加强。完成新一轮农网升级，全面推进"三区三州"及抵边村寨农网改造升级。

（5）电网建设为资源优化配置提供了坚强支撑。全国电网交易电量保持较快增长，跨区域配置能源的作用进一步得到发挥。2019 年，全国电力市场交易电量达到 2.83 万亿 kW·h，同比增长 23.2%，占全社会用电量的比重同比提高 9.3 个百分点，其中省内市场仍占主导地位。2019 年，全国跨区电量交换规模达 5404 亿 kW·h，西南、西北和华中是主要外送区域，合计送出电量占全国跨区送电量的 69.9%。

（三）国内外电网发展对比与趋势分析

（1）中国电网有部分指标处于世界水平，也有部分指标存在提升空间。电网发展规模与速度居于世界首位，安全与质量处于中等水平，源网荷发展协调性较好，清洁化水平位于中上游，电力服务能力较强且普惠。

（2）各国家和地区电网处于不同发展阶段，发达经济体在电网安全与质

量、清洁化水平等方面保持领先，发展中经济体在电网发展速度、电价水平等方面具有优势**。北美、欧洲、澳大利亚、日本等发达地区和国家，电力需求基本饱和，电网相对成熟，规模保持稳定，处于低速稳定发展阶段，可靠性和输电效率较高，清洁化水平也较高，但源网荷发展协调性存在差异，日本、澳大利亚、欧洲平均电价较高。中国、印度、巴西、非洲等发展中国家或地区，电网处于中高速发展阶段，可靠性和输电效率有待提升，清洁化水平发展空间较大，电网发展普遍超前于电源和负荷发展，电价处于较低水平。俄罗斯电网保持中速发展，电价优势明显。

（3）各国家和地区电网未来发展侧重点有所差异，区域互联、清洁低碳、智能互动、安全可靠是主要趋势。北美侧重于加强区域互联和满足分布式能源设施广泛接入。欧洲侧重于推动跨境互联，促进欧洲能源市场一体化，推动绿色发展。日本侧重于推动智能电网建设，并促进区域电网互联，提升可再生能源接入和消纳水平。巴西侧重于支撑电源结构调整，进一步解决高比例水电装机结构在旱季带来的电力供应紧张问题。印度侧重于满足高速增长的用电需求和可再生能源接入，提升农村电气化水平。非洲侧重于加强区域互联，形成统一市场，提升能源普及率。俄罗斯侧重于提升数字化自动化水平，提高电能质量和可靠性。澳大利亚侧重于降低碳排放量，提升系统安全性。中国侧重于加强灵活电源建设和改造，持续优化大电网结构，提高配电网发展质量，提升电网调节能力。

（四）电网技术发展情况

（1）输变电技术在核心元器件与先进技术创新方面持续突破，碳纤维导线、无人机运维等应用于特高压工程，超高压柔性直流电网组网及漂浮式海上风电技术逐步规模化应用。2019 年以来，全线路应用碳纤维复合导线的锡林浩特电厂 1000kV 送出工程并网投运；无人机结合电动升降装置进出的电位作业方法应用于 ±1100kV 特高压输电线路带电作业消缺；±500kV 张北柔性直流电网试验示范工程四端带电组网成功，总换流容量 900 万 kW，是世界首个柔性直流电网工程组网；国内海上风电技术发展起步较晚，大容量、规模化应用逐步加快，国外海上风电技术更为成熟，重点关注漂浮式风机。

（2）交直流混合配电网、多能互补微电网、车网互动、智慧能源站等配用电技术加速推广应用，促进配网形态向灵活化、数字化、智慧化转型。 2019 年以来，大容量柔性多端交直流混合配电网工程实现了对大电网的应急支撑和主动孤网试验，增强了与大电网的灵活互动响应能力；多能互补微电网工程逐步投运，有效提高了供电可靠性和清洁能源消纳能力，实现了节能增效；车网互动技术应用于电网调峰服务，使车网互动能力得到进一步强化，实现削峰填谷的同时降低了充电成本；智慧能源站等新型技术落地应用，实现变电运维方式和综合能源供应方式的数据驱动型智慧化转变，提升配电网运行效率和可靠性。

（3）随着技术发展物理储能、电化学储能应用场景更为丰富，飞轮储能在数据中心供能、锂电池与变配电融合、液流电池在偏远地区供电以及氢电集成方面应用加快。 2019 年以来，飞轮储能技术因其体积小、可靠性高、寿命长等优势，广泛应用于数据中心供能，如美国 VYCON 公司为企业级云计算和数据中心提供大量飞轮储能系统；锂电池储能通过模块化设计与变电站、配电台区等融合应用；液流电池系统因具有持续放电时间长、坚固耐用等特点，主要应用于偏远地区供电；氢储能因其具备可大规模储存、运输等优势，加速形成氢电集成一体化应用场景，如欧洲集成氢气燃机示范项目启动建设。

（4）大数据、人工智能、区块链、5G 通信技术在智慧能源、检修运维、数据安全共享等方面与电网发展深度融合，提升电网治理方案的智能性、可靠性和精准性。 2019 年以来，大数据技术应用于台区管理，为数据驱动型电网治理方案提供支撑，提升电网运检效率和用电服务水平；人工智能技术开始应用于中压配网负损治理，实现电网设备缺陷精准识别、运行故障智能分析与处理方案快速生成；区块链技术在能源交易系统中落地应用，实现数据安全共享与能源效率提升；5G 通信技术逐步应用于电网智能保护、智能配电等业务，低时延及高可靠性的特点有效满足了电网保护系统和配网自动化系统的实时准确控制能力要求。

（五）电网安全与可靠性

(1) 美国电网可靠性情况。2014 年起，美国的户均停电频率变化较小，稳定在 1.3 次/户左右。2019 年美国电网户均停电频率 1.3 次/户，户均停电时间 291min/户。2017 年美国户均停电时间显著高于其他年份，主要是美国 2017 年遭受飓风、冰雹等自然灾害所致。

(2) 英国电网可靠性情况。2019 年，英国电网户均停电时间 35.2min/户，较上年微降。从 2015－2019 年数据看，2015 年户均停电时间最长，为 39.16min/户，自 2016 年开始较为稳定，保持为 34～36min/户。

(3) 日本电网可靠性情况。2018 年 9 月，日本先后遭遇了 25 年来最强台风及 6.9 级地震，导致近 20 年最大规模停电。2018 财年，日本户均停电频率为 0.31 次/户、户均停电时间为 225min/户，均为近 8 年来最高值。

(4) 德国电网可靠性情况。2018 年，德国户均停电时间为 13.91min/户，较上年微降。2009 年以来，户均停电时间一直保持在 16min/户以下，2014－2016 年更是降至 13min/户以下，但 2017、2018 年有所增加，近五年户均停电时间为 13.35min/户。

(5) 中国电网可靠性情况。2019 年，全国平均供电可靠率为 99.843%，同比上升 0.023 个百分点；户均停电时间 13.72h/户，同比减少 2.03h/户；户均停电频率 2.99 次/户，同比减少 0.29 次/户。其中，全国城市地区、农村地区平均供电可靠率分别为 99.949% 和 99.806%，户均停电时间分别为 4.50h/户和 17.03h/户，户均停电频率分别为 1.08 次/户和 3.67 次/户。

(6) 新冠肺炎疫情防控对完善电网安全应急体系的启示。一是早响应、更主动，加强电网风险监测预警。风险预警是应急响应的第一道关口，决定了应急响应的速度，应该建立专业、及时、高效和透明的风险信息报告和处理机制。**二是防扩散、控影响，严格防止连锁反应**。在事故苗头发生时，应通过有力有效的防控措施，严格控制事故影响范围，避免发生大规模连锁反应和次生灾害。**三是建储备、强保障，优化应急资源管理**。针对突发情况，物资、装备、人员等应急资源储备和恢复通信、保障供电等应急手段至关重要。要科学合理布局应急资源储备，充分发挥数字化档案的信息支撑作用和跨区域协作的组织优势，把应急工作做实做细、把内部资源备齐备足、把社会资源整合到位。**四是打好人民战争、总体战，引导上下游共同参与应急保障**。重大的电网应急也要有人民战争、总体战思想，引导发电侧、用户侧以及电力设备供应商等产业上下游和全社会共同参与应急处置，共同维护供用电秩序。**五是明责任、强法治，完善电网应急的政策法律环境**。要推动建立完善的涉电法律法规，从维护全社会整体公共安全的角度出发，进一步明确各方应急责任和义务，设立和完善应急条款，强化电网统一调度权，依法保障各方权益。**六是勤演练、常态化，提高全社会应对大停电的实战能力**。针对社会波及面大的应急事件，需要强化常态化、大规模应急演练，提高跨部门、跨行业的协调与组织能力，提升应急响应处置的效果。

1

国外电网发展

在不同经济社会发展环境下，世界各地区和国家电网发展差异明显，但普遍面临推动能源转型、适应新能源发展、优化配置能源资源、提高电网安全稳定水平等需求。北美、欧洲、日本等发达地区和国家电力需求基本饱和，电力基础设施较为成熟，电网变化较小，主要在于局部优化和加强。以巴西、印度等为代表的发展中国家经济发展快速，电网也保持高速发展以满足增长电力需求，主要在于加大跨区域输电通道建设，满足能源资源配置需求。俄罗斯、澳大利亚电网保持中速发展，主要满足能源结构的优化以及可再生能源的大规模接入。非洲电力基础设施还比较薄弱，电力普及率不高，但太阳能等可再生能源资源丰富，有较大发展空间。本章针对北美、欧洲、日本、巴西、印度、非洲、俄罗斯、澳大利亚等典型地区和国家电网的现状进行分析，并总结其发展特点，以为相关分析研究提供基础支撑。

1.1　北美联合电网

北美地区❶主要包括美国和加拿大两个国家，两国为美洲地区发达国家，一体化程度较高，也是北美联合电网的主要组成部分。北美联合电网区域分布如图 1-1 所示。

1.1.1　经济能源概况

（一）经济发展

北美地区经济保持稳定增长。2019 年，北美地区生产总值（GDP）为20.26 万亿美元，同比增长 2.27%，增速较上年降低 0.8 个百分点。其中，美

---

❶ 根据社会经济发展程度和政治地理学，美洲可以划分为北美和拉丁美洲两部分。北美主要指美国和加拿大两个发达国家；拉丁美洲指美国以南的美洲地区，包括北美洲的部分和南美洲的全部。本节中所指北美地区包含美国和加拿大，北美联合电网包括美国、加拿大和墨西哥的下加利福尼亚州。

图 1-1　北美联合电网区域分布图

来源：NERC。

国同比增长 2.33％，达到 18.32 万亿美元，仍为全球最大经济体；加拿大同比增长 1.66％，达到 1.94 万亿美元。2015－2019 年北美地区 GDP 及其增长率如图 1-2 所示。

（二）能源消费

北美地区能源消费总量和能源强度双下降。北美地区能源强度在 2018 年微增后，2019 年大幅下降，同比降低 3.16％，达到 0.115 9kgoe/美元（2015 年价）。2019 年能源消费总量 2591.97Mtoe，同比降低 1％。2015－2019 年北美地区能源消费总量、能源强度情况如图 1-3 所示。

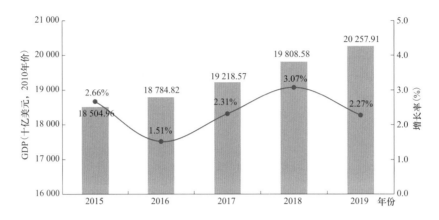

图 1-2　2015—2019 年北美地区 GDP 及其增长率

数据来源：World Bank。

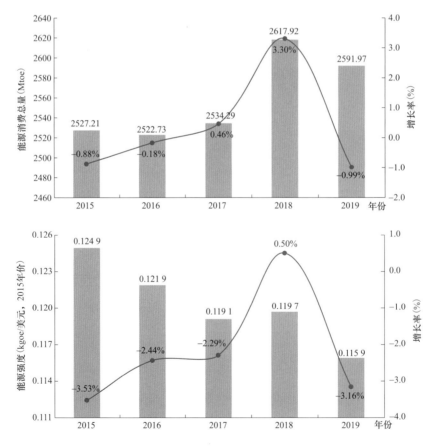

图 1-3　2015—2019 年北美地区能源消费总量、能源强度情况

数据来源：Enerdata，Energy Statistical Yearbook 2020。

（三）能源电力政策

（1）美国联邦政府和各州在新能源战略上意见分化。特朗普政府在能源发展方向上抛弃清洁能源，发展页岩油、煤炭等传统化石能源与核能。2019年6月，联邦政府推行平价清洁能源政策，放松燃煤机组的排放限制。但各州发展清洁能源意愿强烈，马萨诸塞州、加利福尼亚州、科罗拉多州等21个州和6个城市向法院提起诉讼，指控联邦政府平价清洁能源政策违反《清洁空气法案》。2019年6月，纽约州立法机构颁布《气候领导与社区保护法案》，确立减少温室气体排放，增加可再生电力生产和提高能源效率的目标。

（2）加拿大低碳发展战略持续推进。加拿大于2019年开始施行碳税政策，碳污染价格从20美元/t开始，每年以10美元/t的价格上涨，直到2022年达到50美元/t，不列颠哥伦比亚省、阿尔伯塔省和魁北克省已经建立了碳定价体系。受新冠肺炎疫情影响，2020年加拿大能源政策的重点是降低短期风险，进一步发展绿色能源项目，降低排放。加拿大自然资源部正在制定《加拿大国家氢能战略》，以推动能源系统脱碳。

（3）美国政府对能源基础设施安全审查力度加码。美国通过控制能源设备供应链，限制国外能源设备供应商参与美国能源基础设施建设，以此降低能源系统遭受网络攻击风险。2020年5月，美国总统签署13920号行政命令，禁止美国购买对国家安全造成风险的国外电力设备，并要求在电网中移除敌对国家供应商提供的关键电力设备。

1.1.2　电力供需情况

（一）电力供应

北美地区电力总装机容量依旧保持微增长，火电装机容量略有增长，新增装机以风电、太阳能发电、生物质发电为主。截至2019年底，北美电力总装机容量达到13.93亿kW，同比增长1.51%。其中，火电装机容量占比63%，仍为第一大电源；太阳能发电和风电装机容量合计占比达15%。2019年，北美地区新增装机主要来自太阳能发电和风电，装机容量分别增加 1197 万 kW 和 969 万 kW，增速分别为 17.5% 和 8.9%。2015—2019 年北美地区电源结构如图 1-4 所示。

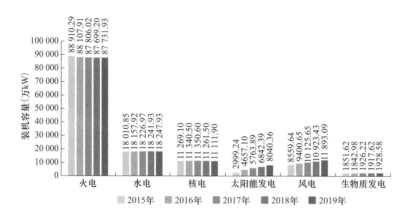

图 1-4　2015—2019 年北美地区电源结构

数据来源：Global Data。

北美地区发电量稳中有降。2019 年，北美地区总发电量 4.7 万亿 kW·h，同比降低 1.41%。其中，火电发电量同比降低 3.4%，占比 56.3%；核电同比降低 1.3%，占比 18.9%；水电同比降低 0.7%，占比 12.9%；非水可再生能源发电同比增长 8.2%，占比 11.9%。2015—2019 年北美地区不同类型电源发电量如图 1-5 所示。

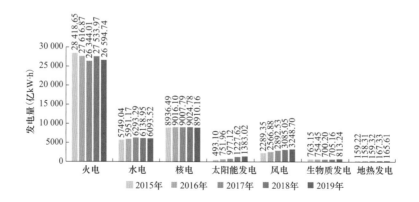

图 1-5　2015—2019 年北美地区不同类型电源发电量

数据来源：Global Data。

（二）电力消费

北美地区用电量基本饱和。2019 年北美地区全社会用电量为 4.24 万亿 kW·h，同比降幅达 1.38%。其中，美国用电量为 3.74 万亿 kW·h，同比下降 1.71%；加拿大用电量为 0.5 万亿 kW·h，同比增加 1.17%。2015—2019 年北美地区用电量如图 1-6 所示。

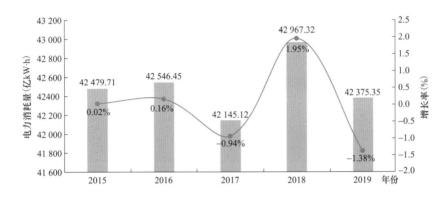

图 1-6　2015—2019 年北美地区用电量

数据来源：Global Data。

2019 年，北美联合电网最大用电负荷达到 78 621.3 万 kW，同比增长 0.85%。其中，得州电网最大用电负荷增速较快，达到 1.94%；西部电网最大用电负荷有所回升，同比增加 0.51%。2015—2019 年北美不同电网最大用电负荷如图 1-7 所示。

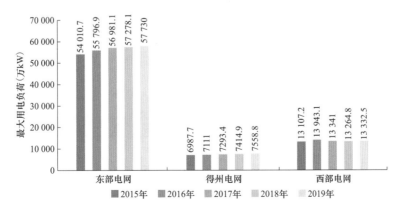

图 1-7　2015—2019 年北美不同电网最大用电负荷

1.1.3 电网发展水平

（一）电网规模

北美地区网架结构已较为成熟，输电网规模略有上升。2019 年，北美电网 115kV 及以上电压等级线路长度达到 76 万 km，同比增长 0.42%，其中 450/500kV 及以上电压等级线路规模保持稳定。2015—2019 年北美地区 115kV 及以上输电线路长度见表 1-1。

表 1-1　2015—2019 年北美地区 115kV 及以上输电线路长度　　km

电压等级（kV）	2015 年	2016 年	2017 年	2018 年	2019 年
115	207 987	208 652	209 139	210 452	211 773
138/161	182 013	183 220	183 782	184 079	184 376
220/230/240/287	168 478	169 285	170 655	171 795	172 942
315/320/345	104 782	106 369	107 673	108 112	108 552
450/500	67 607	67 676	67 676	67 676	67 676
735/765	15 221	15 221	15 221	15 221	15 221
总计	746 089	750 424	754 147	757 335	760 542

数据来源：Global Electricity Transmission Report。

北美地区新建输电线路主要以新能源接入工程为主。受区域发展、燃料价格、环保法规等因素影响，天然气和可再生能源输出线路增加明显。为满足未来用电需求，预计到 2025 年，将在 2019 年基础上，新增 115kV 及以上输电线路长度 5.15 万 km。

（二）网架结构

北美地区电网建设主要目标是提供可再生能源电力输送通道以及解决电网稳定性和供电可靠性等问题。2019—2020 年，北美地区规划或在建线路共计 3369 条，其中，450/500kV 及以上线路 559 条，占比 16.6%；200～345kV 线路共 802 条，占比 23.8%。部分规划或在建北美地区输电项目见表 1-2。

表 1 - 2   部分规划或在建北美地区输电项目

项 目 名 称	国家	电 力 公 司	电压等级 (kV)	投产或预计 投产年份
雷诺—布罗考输电工程	美国	北印第安纳公共服务有限公司	765	2020
汤普森堡—新艾奥瓦输电工程	美国	ITC 中西部有限责任公司	765	2020
柯林斯—草地湖输电工程	美国	英联邦爱迪生公司	765	2020
莱克菲尔德—汤普森堡输电工程	美国	ITC 中西部有限责任公司	765	2020
阿黛尔县—希尔斯输电工程	美国	中美能源公司	765	2029
波卡洪塔斯—阿黛尔输电工程	美国	中美能源公司	765	2022
波尼—布雷德输电工程	美国	亚美伦密苏里州	765	2020
斯科特县—黑鹰输电工程	美国	中美能源公司	765	2022
亚当斯—汉普顿输电工程	美国	北方邦电力公司	765	2020
米库阿—萨古内输电工程	加拿大	魁北克水电局	735	2022
多西—美国边境输电工程	加拿大	曼尼托巴水电局	500	2020
利沃克—密克伍德山输电工程	加拿大	ATCO 电气有限公司	500	2021

数据来源：Global Data。

（三）运行交易

北美联合电网交易电量略有下降，美国进口电量略有增加，出口电量有所降低。2019 年，北美进出口电量 867.4 亿 kW·h，同比降低 0.6%。其中，美国向加拿大出口电量为 603.4 亿 kW·h，同比降低 1.7%；美国向墨西哥出口电量和进口电量持续增长，净出口规模达 57.5 亿 kW·h。2015—2019 年美国跨境电力交易量见表 1-3。

表 1 - 3   2015—2019 年美国跨境电力交易量   亿 kW·h

类别	加拿大		墨西哥		合计		
	进口电量	出口电量	进口电量	出口电量	进口电量	出口电量	进出口电量
2015 年	107.7	729.5	24.4	91.6	132.1	821.1	953.2
2016 年	93.0	731.0	34.6	86.1	127.6	817.1	944.7
2017 年	98.9	720.4	35.1	88.2	134.0	808.6	942.6
2018 年	132.0	614.0	35.8	90.6	167.8	704.6	872.4
2019 年	133.5	603.4	36.5	94.0	170.0	697.4	867.4

1.2 欧洲互联电网

欧洲互联电网包括欧洲大陆、北欧、波罗的海、英国、爱尔兰五个同步电网区域，此外还有冰岛和塞浦路斯两个独立系统，由欧洲输电联盟（ENTSO‐E）负责协调管理。欧洲电网覆盖区域包括德国、丹麦、西班牙、法国、希腊、克罗地亚、意大利、荷兰、葡萄牙等在内的 36 个国家和地区的 43 个电网运营商，跨国输电线路长度超过 47 万 km，服务人口超过 5 亿。欧洲互联电网分布图如图 1‐8 所示。

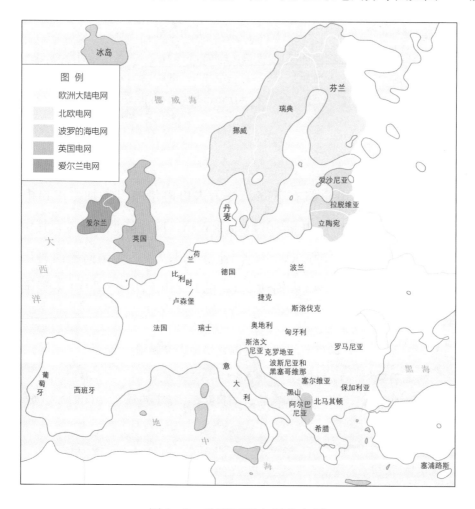

图 1‐8 欧洲互联电网分布图

1.2.1　经济能源概况

（一）经济发展

欧洲经济缓慢复苏。2019 年，欧洲地区❶GDP 达到 16.60 万亿美元，同比增长 1.52%，增速较 2018 年有所回落。其中，主要经济体德国、法国、意大利增速都不足 3%；意大利增速最低，仅为 0.3%；爱尔兰增速最高，达到 5.55%。2015—2019 年欧洲地区 GDP 及其增长率如图 1-9 所示。

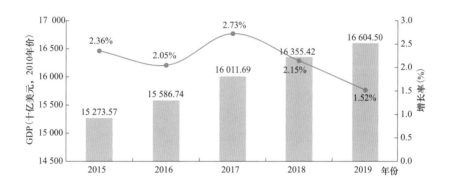

图 1-9　2015—2019 年欧洲地区 GDP 及其增长率

数据来源：World Bank。

（二）能源消费

欧洲地区能源消费总量继续下降。2019 年，欧洲地区能源消费总量降为 1573.63Mtoe，同比减少 1.86%。欧洲地区能源强度持续下降为 0.073 4kgoe/美元（2015 年价），能源强度在全球各大洲中最低。2015—2019 年欧洲地区能源消费总量、能源强度情况如图 1-10 所示。

（三）能源电力政策

（1）推进欧盟能源系统一体化。2020 年 7 月，欧盟委员会提出欧盟能源系

---

❶　本章欧洲地区指欧盟地区。

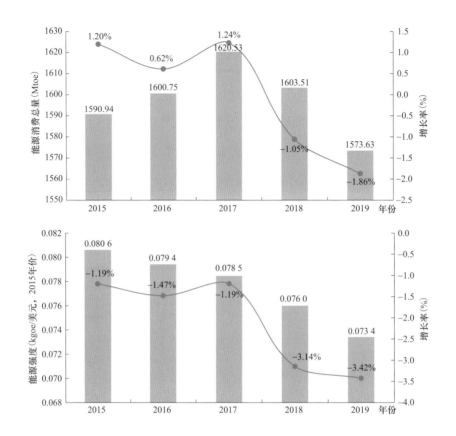

图 1-10　2015－2019 年欧洲地区能源消费总量、能源强度情况

数据来源：Enerdata，Energy Statistical Yearbook 2020。

统一体化战略，旨在通过整合不同能源运营商、基础设施和消费部门，实现多种能源系统间的协调规划和运行，建设高效、低成本、深度脱碳的能源系统。

（2）推动氢能发展。2020 年 7 月，欧盟委员会提出欧盟氢能战略，旨在通过发展氢能，实现温室气体减排和带动经济复苏的目标。根据战略远景目标，预计到 2050 年，氢能在欧洲能源系统中的份额将增长到 13％～14％。

（3）应对气候变化。为了实现 2030 年欧盟能源和气候目标，欧盟执行委员会于 2019 年发布了欧盟国家能源与气候计划，根据计划，欧盟各成员国需要制定 2021－2030 年的国家能源和气候计划。另外，欧盟执行委员会还于 2020 年 3 月发布了首个欧洲气候法提案，该提案旨在将《欧洲绿色协议》设定的目标写入法律，意味着欧盟国家届时将整体实现温室气体零排放。

1.2.2 电力供需情况

（一）电力供应

欧洲地区电力总装机容量有所增长，新增装机主要来自可再生能源发电，海上风电增长迅速，火电和核电呈现负增长。2019 年，欧洲地区电力总装机容量达到 12.07 亿 kW，同比增长 3.77%。可再生能源发电（含水电）装机容量持续增长，达到 6 亿 kW，占总装机容量的 49.71%；其中，风电和太阳能发电增长较快，增速分别达到 13.7% 和 22.2%，装机容量分别达到 2.1 亿 kW 和 1.45 亿 kW，占总装机容量的 29.41%。2015—2019 年欧洲地区电源结构如图 1-11 所示。

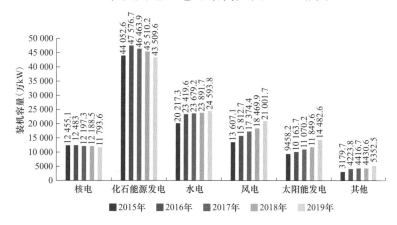

图 1-11　2015—2019 年欧洲地区电源结构

数据来源：ENTSO-E。

欧洲地区发电量小幅降低。2019 年，欧洲地区总发电量为 3.2 万亿 kW·h，同比降低 1.57%。其中，可再生能源发电量同比增长 3.2%，占比进一步提升到 34.73%；化石能源、核能及其他能源发电量同比减少 3.9%。2015—2019 年欧洲地区不同类型电源发电量如图 1-12 所示。

（二）电力消费

欧洲地区用电量在 2019 年出现负增长。2019 年，欧洲地区各国用电量总计 2.85 万亿 kW·h，同比降低 1.43%。其中，德国、法国、意大利、土耳其用电量占比较高，分别为 18.13%、15.32%、10.55%、8.93%。2015—2019 年欧洲地区用电量如图 1-13 所示。

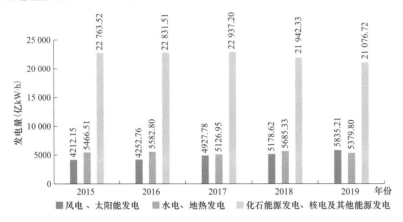

图 1-12　2015－2019 年欧洲地区不同类型电源发电量

数据来源：Enerdata，Energy Statistical Yearbook 2020。

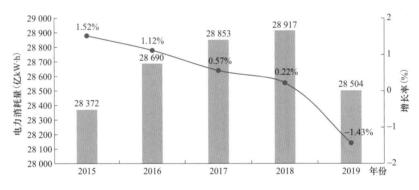

图 1-13　2015－2019 年欧洲地区用电量

数据来源：Enerdata，Energy Statistical Yearbook 2020。

1.2.3　电网发展水平

（一）电网规模

欧洲互联电网输电线路总规模在 2017 年缩减后小幅增长。欧洲电网以陆地交流互联为主，跨海直流互联为辅，主网架以 380kV 为主，常见的电压等级为 750、400、380、330、285kV 和 220kV。截至 2018 年 12 月，欧洲互联电网 220kV 及以上输电线路总长度约 31.6 万 km❶，2014－2018 年欧洲电网 220kV

---

❶　数据来源：ENTSO-E，由于 2019 年数据未公布，此处采用 2018 年数据。

及以上电压等级输电线路长度见表 1‑4。

表 1‑4　　2014—2018 年欧洲电网 220kV 及以上电压等级输电线路长度　　　　km

电压等级（kV）	2014 年	2015 年	2016 年	2017 年	2018 年
220～330	150 955	151 369	133 844	129 619	131 065
380～400	155 548	156 712	173 233	177 556	176 703
750	471	471	382	385	385
直流	5719	5676	7138	7519	7529
总计	312 693	314 228	314 597	315 079	315 682

（二）网架结构

波罗的海与欧洲大陆同步联网取得新进展。2019 年 3 月欧洲设施互联基金批准 3.23 亿欧元支持同步联网建设；同月，ENTSO‑E 正式批准欧洲大陆电网向波罗的海地区延伸；6 月，欧盟与波罗的海三国（立陶宛、拉脱维亚、爱沙尼亚）及波兰共同签署实施路线图。波罗的海地区电网与俄罗斯及白俄罗斯电网同步运行，通过 4 条跨海直流输电线路与北欧电网相连，计划于 2025 年实现与欧洲大陆电网同步，新建 2 条立陶宛—波兰跨国互联线路。欧洲在建跨国联络线路见表 1‑5。

表 1‑5　　　　　　　　　　欧洲在建跨国联络线路

地区	项目名称	项目内容	预计试运行时间
黑山—意大利	Lastva‑Villanova HVDC II 互联线路	新建 2 条陆上直流线路和 1 条 445km 500kV 直流海底电缆连接意大利和黑山	2026 年
土耳其—罗马尼亚	土耳其—罗马尼亚互联线路	电压等级 400kV，长度 400km，线路传输容量 600MW	2025 年
英国—丹麦	Bicker Fen‑Revsing 互联线路	电压等级 525kV，长度 760km，线路传输容量 1400MW	2023 年
意大利—奥地利	意大利—奥地利互联线路	电压等级 200kV，长度 26km，线路传输容量 300MW	2022 年
法国—英国	Menuel‑Exeter HVDC 互联线路	电压等级 400kV，长度 218km，线路传输容量 1400MW	2022 年
希腊—保加利亚	Maritsa East‑Burgas 互联线路	电压等级 400kV，长度 130km，线路传输容量 1500MW	2022 年

续表

地区	项目名称	项 目 内 容	预计试运行时间
奥地利—德国	奥地利—德国互联线路	线路传输容量 585MW	2021 年
挪威—英国	挪威—英国海底互联线路	新建海底高压直流线路 720km，连接挪威西部和英国东部，电压 515kV，线路传输容量 1400MW	2021 年
波兰—德国	GerPol 线路升级	将 Krajnik 和 Vierraden 之间现有 220kV 互联线路升级为 400kV	2021 年

数据来源：Global Data。

（三）运行交易

欧洲地区跨国联络线路整体规模保持稳定，成员国内部电力交易频繁。2019 年欧洲地区成员国之间进出口电量超过 1 万亿 kW•h，净交易电量达到 307.4 亿 kW•h，同比增长 8.79%。其中，德国、法国为主要电力出口国，净出口电量分别为 317 亿 kW•h 和 576 亿 kW•h；意大利为主要电力进口国，净进口电量为 382 亿 kW•h。2015—2019 年欧洲地区用电量如图 1-14 所示。

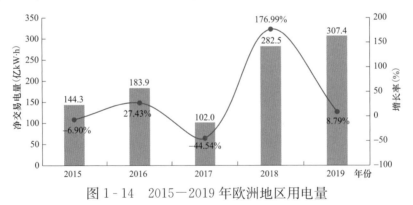

图 1-14　2015—2019 年欧洲地区用电量

数据来源：Enerdata，Energy Statistical Yearbook 2020。

1.3　日本电网

日本电网覆盖面积 37.8 万 km²，供电人口约为 1.27 亿。日本列岛（不含冲绳地区）电网以本州为中心，分为西部电网和东部电网。西部电网包括中国电力公司、四国电力公司、九州电力公司、北陆电力公司、中部电力公司和关西电力公司6个电力公司，骨干网架为500kV输电线路，频率为60Hz，由关西电力公司负责调频。东部电网包括北海道电力公司、东北电力公司和东京电力公司3个电力公司，骨干网架为500kV输电线路，频率为50Hz，由东京电力公司负责调频。东部电网、西部电网采用直流背靠背联网，通过佐久间（30万kW）、新信浓（60万kW）和东清水（30万kW）三个变频站连接。此外还包含独立于东部电网、西部电网的冲绳地区电网。大城市电力系统均采用500、275kV环形供电线路，并以275kV或154kV高压线路引入市区，广泛采用地下电缆系统和六氟化硫（SF_6）变电站。日本供电区划分示意图如图1-15所示。

图1-15　日本供电区划分示意图

来源：OCCTO。

1.3.1 经济能源概况

（一）经济发展

日本经济缓慢复苏。2019 年，日本 GDP 为 6.21 万亿美元，同比增长 0.34%，人均 GDP 超过 4.9 万美元，同比增长 0.87%，2015－2019 年日本 GDP 及其增长率如图 1-16 所示。

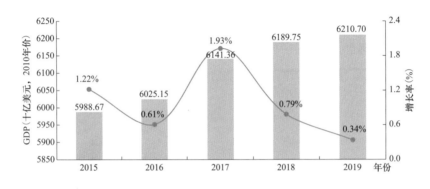

图 1-16　2015－2019 年日本 GDP 及其增长率

数据来源：World Bank。

（二）能源消费

日本能源消费总量与能源强度均呈下降趋势。2019 年，日本能源消耗总量为 420.69Mtoe，同比下降 0.88%，能源强度继续保持下降趋势，达到 0.078 0kgoe/美元（2015 年价），同比下降 1.2%。2015－2019 年日本能源消费总量、能源强度情况如图 1-17 所示。

（三）能源电力政策

日本国内资源匮乏，能源对外依存度较高，电价水平较高，加之福岛核事故以及《巴黎协定》减排承诺带来的能源清洁化、低碳化方面的压力，日本政府先后出台了一系列政策，旨在聚焦绿色低碳发展和国家能源安全，大力推进清洁能源发展。

（1）大力推进可再生能源和氢能发展。在可再生能源方面，2019 年 11 月，

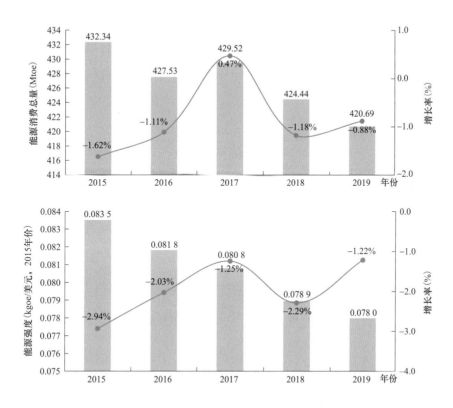

图 1-17　2015—2019 年日本能源消费总量、能源强度情况

数据来源：Enerdata，Energy Statistical Yearbook 2020。

日本福岛县政府资助建设该地区的 11 座光伏发电站和 10 座风电场，总装机容量约为 60 万 kW，以此推动福岛县到 2040 年实现 100％可再生能源替代。2020年 2 月，日本政府批准一项促进可再生能源发电的法案，计划在 2022 年 4 月推出可再生能源溢价机制，向可再生能源生产商提供高于其发电市场价格的溢价，进一步增强可再生能源的市场竞争力。在氢能发展方面，2019 年 6 月，日本经济产业省、欧盟委员会能源总局和美国能源部发表联合声明，加强氢能与燃料电池技术的三边/地区合作；9 月，日本经济产业省制定《氢/燃料电池技术发展战略》，将氢能的利用提升到实现"氢能社会"的高度。

（2）加强能源安全体系建设。2020 年 2 月，日本政府对《电力商业法》进行修订，要求电力公司制定与其他公用事业、地方政府和自卫队合作的应急计划，共享有关灾难损失和可用应急电源的信息，协调灾后恢复工作并筹集资金，旨在确保灾难发生时的电力供应。2020 年 6 月，日本经济产业省发布《2020 年能源白皮书》，重点关注应对灾害和地缘政治风险的能源体系建设。

1.3.2 电力供需情况

（一）电力供应

截至 2019 年底，日本发电装机容量为 3.54 亿 kW，同比增长 2.17%。其中，水电装机容量 5013 万 kW，保持稳定；火电装机容量 1.96 亿 kW，同比增长 0.51%；核电装机容量 3648 万 kW，未增长；光伏发电装机容量 6225 万 kW，同比增长 10.67%；风力发电主要以陆上风电为主，风电装机容量为 388 万 kW，同比增长 6.26%。2015—2019 年日本电源结构如图 1-18 所示。

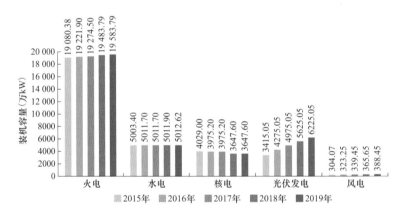

图 1-18　2015—2019 年日本电源结构

数据来源：Global Data。

2019 年，日本发电量为 9899 亿 kW·h，同比降低 0.92%。受日本玄海（Genkai）2 号机组永久停运影响，核电发电量大幅减少，仅有 209 亿 kW·h，同比下降 63.2%。火电发电量平稳增长，达到 7831 亿 kW·h，同比增长 3.7%。光伏发电发电量和风电发电量保持平稳，分别为 616.86 亿 kW·h 和 72.94 亿 kW·h，同比增长 1.51% 和 0.88%。2015—2019 年日本不同类型电源发电量如图 1-19 所示。

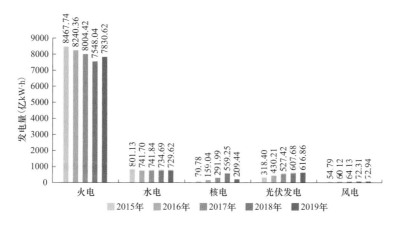

图 1-19　2015—2019 年日本不同类型电源发电量

数据来源：Global Data。

（二）电力消费

2019 年，日本用电量为 9428.15 亿 kW·h，同比降低 0.79%。2015—2019 年日本用电量如图 1-20 所示。

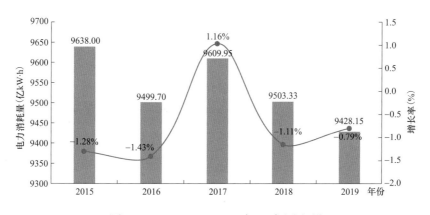

图 1-20　2015—2019 年日本用电量

数据来源：Enerdata，Energy Statistical Yearbook 2020。

2019 年，日本电网最大三日用电负荷为 15 874 万 kW，同比下降 0.6%。分地区看，东京电力公司最大用电负荷达到 5543 万 kW，为十大电力公司之首，其次为关西电力公司和中部电力公司，分别为 2816 万 kW 和 2568 万 kW。2016—2019 年日本最大三日用电负荷如图 1-21 所示。

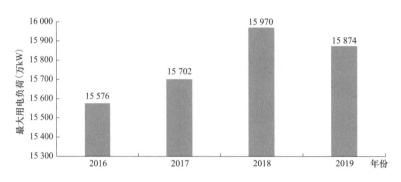

图 1-21　2016－2019 年日本最大三日用电负荷

数据来源：OCCTO。

1.3.3　电网发展水平

（一）电网规模

2019 财年[①]，日本电网各电压等级输电线路总长度为 18 万 km。以 2015 财年的线路长度为基准，截至 2019 财年，55kV 及以下和 550kV 及以上电压等级输电线路长度增长率最高，皆达到 1.54%。2015－2019 财年日本各电压等级输电线路长度见表 1-6。

表 1-6　　2015－2019 财年日本各电压等级输电线路长度　　　　　　　km

电压等级	2015 财年	2016 财年	2017 财年	2018 财年	2019 财年
55kV 及以下	24 622	24 697	24 747	24 484	25 002
66～77kV	81 545	81 541	81 594	81 685	81 876
110～154kV	30 323	30 172	30 195	30 126	30 549
187kV	5265	5264	5264	5264	5271
220kV	5238	5218	5162	5162	5173
275kV	16 297	16 213	16 206	16 206	16 277
500kV 及以上	15 414	15 414	15 497	15 618	15 651
合计	178 704	178 519	178 665	178 545	179 799

数据来源：日本电气事业联合会。

---

❶　日本财年为上年 4 月 1 日至本年 3 月 31 日。

（二）网架结构

为增强主干输电网络，缓解跨区输电能力，促进全国范围内的电能输送，日本各大电力公司规划建设或升级多条主干输电线路和东西部电网联络换流站。日本在建和规划的跨区输电线路及变电站见表1-7。

表1-7 日本在建和规划的跨区输电线路及变电站

项目名称	类型	状态	电压等级（kV）	预计投产年份
索马双叶线	线路	计划	500	2025
下那支线路	线路	计划	500	2024
大和线	线路	计划	500	2021
飞达线	线路	在建	500	2020
东山梨变电站	变电站	计划	500	2023
新富士变电站	变电站	拟议	500	2027
都营变电站	变电站	在建	500	2026

数据来源：Global Data。

（三）运行交易

2019财年，日本跨区输送电量规模为874.7亿kW·h，同比下降21%。东京、关西和中国地区外购电量最多，分别为317.2亿kW·h、236.5亿kW·h和210.3亿kW·h。东北、九州和四国地区外送电量最多，分别为296.9亿kW·h、163.1亿kW·h和141亿kW·h。2015—2019财年日本跨区输送电量规模见表1-8。

表1-8 2015—2019财年日本跨区输送电量规模 GW·h

地 区		2015财年	2016财年	2017财年	2018财年	2019财年
北海道—东北	送电	146	237	340	130	279
	受电	804	1033	1270	1005	2117
东北—东京	送电	22 587	23 097	28 238	27 298	27 575
	受电	3714	4660	7071	3139	252

地 区		2015 财年	2016 财年	2017 财年	2018 财年	2019 财年
东京一中部	送电	693	2729	3954	1711	354
	受电	4513	5144	5328	5116	4147
中部一关西	送电	3412	5538	8106	3675	980
	受电	7577	6544	9889	9980	7175
中部一北陆	送电	108	241	353	134	7
	受电	172	59	108	76	40
北陆一关西	送电	2047	2033	2949	2033	2918
	受电	502	640	1260	2540	547
关西一中国	送电	948	716	4493	4734	578
	受电	9138	13 179	16 727	13 388	9793
关西一四国	送电	2	2	1	82	31
	受电	9611	8856	9510	8840	9956
中国一四国	送电	3423	3294	4061	2579	131
	受电	4631	7638	7540	4023	4143
中国一九州	送电	2174	1935	3014	1998	138
	受电	14 947	15 476	18 183	18 280	16 311

1.4 巴西电网

巴西幅员辽阔，从北部到东南部的输电跨度在 2000km 以上，已形成南部、东南部、北部和东北部四个大区互联电网，在亚马逊地区还有一些小规模的独立系统。巴西输电线路主要集中在东南部、南部和东北部主要城市，用电负荷最大的区域是东南部，与北部富余的装机空间距离较远。巴西电网 2024 年规划示意图如图 1-22 所示。

图 1-22　巴西电网 2024 年规划示意图

资料来源：ONS。

1.4.1　经济能源概况

（一）经济发展

经过 2015、2016 两年严重衰退，巴西 GDP 从 2017 年起重现增长。2019 年，巴西 GDP 为 2.35 万亿美元，增速为 1.63%；人均 GDP 为 11 121 美元，增长 0.37%。2015－2019 年巴西 GDP 及其增长率如图 1-23 所示。

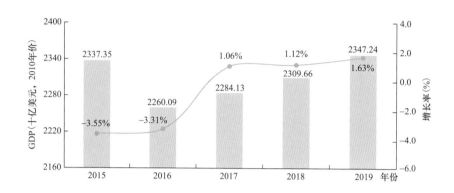

图 1-23 2015—2019 年巴西 GDP 及其增长率

数据来源：World Bank。

（二）能源消费

2019 年巴西能源消费总量 288.3Mtoe，同比上升 0.45％。能源强度 0.089 0kgoe/美元（2015 年价），同比下降 1.16％。2015—2019 年巴西能源消费总量、能源强度情况如图 1-24 所示。

（三）能源电力政策

（1）以能源市场化改革推动能源价格下降。燃气方面，2019 年 6 月，巴西矿产和能源部部长公布了巴西政府启动天然气行业改革的决定，目标是使天然气价格降低一半。2019 年 7 月，巴西国家石油公司完全退出天然气市场，并出售其在运输和分销公司持有的部分股份，为天然气市场开放扫清了障碍。电力方面，2019 年 12 月，巴西政府决定在 5 年内逐步取消农村居民和农田灌溉的电力补贴，以解决同一用户同时享受多项优惠的政策漏洞。

（2）推动光伏产业迅速发展。据巴西太阳能协会统计，2019 年，光伏产业为巴西带来了 107 亿巴西雷亚尔的新增投资，并提供了约 6.3 万个工作岗位。在 2019 年 10 月举行的拍卖会上，巴西政府共分配 2979MW 装机容量，其中 530MW 为太阳能发电装机容量，占分配装机容量的 18％。2020 年 7 月，巴西政府通过第 70 号决议，决定取消光伏有关产品的进口关税。

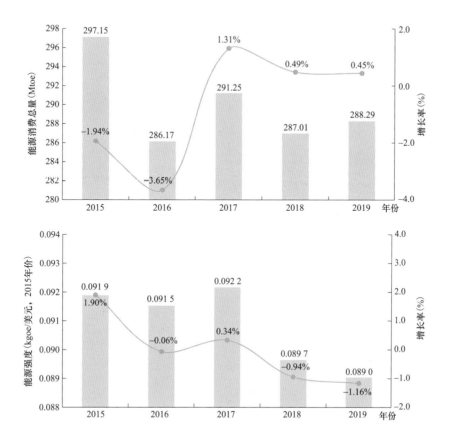

图 1-24 2015—2019 年巴西能源消费总量、能源强度情况

数据来源：Enerdata，Energy Statistical Yearbook 2020。

1.4.2 电力供需情况

（一）电力供应

巴西电力总装机容量保持增长。截至 2019 年底，巴西电力总装机容量为 1.72 亿 kW，同比增长 2.2%。水电仍是巴西的主要电源形式，装机容量 1.09 亿 kW，同比增长 4.7%，占比高达 63.4%。火电装机容量 2630 万 kW，同比增加 5.2%，占比 15.3%。太阳能发电实现跨越式发展，装机容量达 452 万 kW，同比增长 87.9%。风电装机容量继续增长，同比增长 5%。2015—2019 年巴西电源结构如图 1-25 所示。

图 1-25 2015－2019 年巴西电源结构

2019 年，巴西发电量为 5974 亿 kW·h，与上一年基本持平。其中，水电发电量与上一年基本持平，占总发电量 62.4％；火电发电量同比下降 4.5％，占比 17.3％；光伏发电发电量同比增长 287.6％，占比达 1.1％。2015－2019 年巴西不同类型电源发电量如图 1-26 所示。

图 1-26 2015－2019 年巴西不同类型电源发电量

（二）电力消费

巴西用电量继续保持增长。2019 年，巴西全社会用电量为 5942.38 亿 kW·h，同比增长 1.92％。用电量主要集中在东南地区，占全国总用电量的 58％。此外，与往年相比北部地区的用电量增长较为明显，同比增长 3.65％；东北地区与南部地区的用电量则维持平稳增长，增长率均在 2％左右。2015－2019 年巴西用电量如图 1-27 所示。

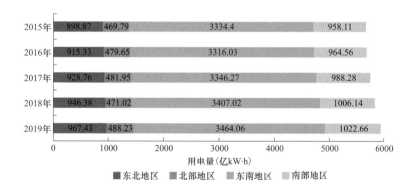

图 1-27 2015—2019 年巴西用电量

2019 年，巴西电网最大负荷再创新高，达到 9052.5 万 kW，同比增长 6.5%。从空间分布看，巴西电网近 60% 的负荷集中在东南地区，北部地区的负荷基本与往年持平，南部地区负荷则上升较为明显，同比增长 9.2%。从时间分布看，最大负荷月份主要集中在 1、2、10 月和 11 月，时段则主要集中于 14：00—16：00。2015—2019 年巴西各地区的最大用电负荷如图 1-28 所示。

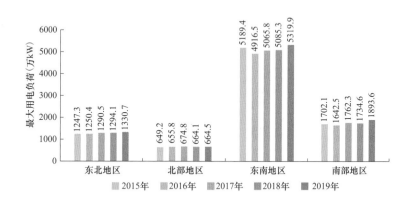

图 1-28 2015—2019 年巴西各地区的最大用电负荷

1.4.3 电网发展水平

（一）电网规模

巴西电网规模持续增长。截至 2019 年底，230kV 及以上线路长度达到

15.4 万 km, 同比增长 4.6%。其中, 2019 年 11 月 ±800kV 美丽山二期特高压直流工程投运, 使巴西 ±800kV 输电线路长度翻了一番, 达到 9046km。增长较多的还有 500kV 及 230kV 输电线路, 同比增长 2% 和 1.4%, 其他电压等级线路长度总体稳定。2015—2019 年巴西各电压等级线路长度见表 1-9。

表 1-9 　　　　　　2015—2019 年巴西各电压等级线路长度 　　　　　　km

电压等级（kV）	2015 年	2016 年	2017 年	2018 年	2019 年
230	54 100	55 820	56 722	59 097	59 920
345	10 303	10 320	10 320	10 319	10 327
440	6733	6748	6748	6758	6800
500	42 622	46 569	47 688	51 791	52 827
±600	12 816	12 816	12 816	12 816	12 816
750	2683	2683	2683	2683	2683
±800			4168	4168	9046
总计	129 257	134 956	141 145	147 632	154 419

巴西变电容量增速明显, 其中东北地区的增长幅度最大。截至 2019 年底, 巴西变电容量达到 3.25 亿 kV·A, 同比增长 4%。其中东南地区变电容量占比最大, 达 50.8%, 同比增长不到 2%; 东北地区变电容量占比不足 25%, 但增长速度较快, 达 10.5%。2015—2019 年巴西各地区变电容量见表 1-10。

表 1-10 　　　　　　2015—2019 年巴西各地区变电容量 　　　　　　万 kV·A

地区	2015 年	2016 年	2017 年	2018 年	2019 年
北部地区	2213.6	2302.9	2322.7	2450.7	2580.7
东北地区	5082.1	5297.8	5890.6	6513.4	7194.5
南部地区	5480.1	5657.5	5826.2	6039.0	6178.6
东南地区	14 886.5	15 214.5	15 850.8	16 196.8	16 496.9
总计	27 662.3	28 472.7	29 890.2	31 199.8	32 450.7

（二）网架结构

巴西继续推动南美区域电网互联。巴西已实施或正在考虑建设与阿根廷、玻利维亚、圭亚那、秘鲁、苏里南和乌拉圭之间的互联线路。巴西与阿根廷通过 132kV 和 500kV 输电线路经换流站实现互联，传输容量共 105 万 kW；与巴拉圭通过四条 500kV 输电线路经伊泰普水电站互联；与乌拉圭通过 230kV 和 500kV 两条输电线路实现互联，传输容量共 57 万 kW；与委内瑞拉通过 230kV 的输电线路实现互联，传输容量共 20 万 kW。2019 年巴西部分规划的 800kV 输电线路工程见表 1-11。

表 1-11　　　　　2019 年巴西部分规划的 800kV 输电线路工程

工　程　名　称	电压等级（kV）	进展	预计投运年份
米里蒂图巴－普拉塔高压直流线路	800	规划	2024
帕鲁佩－阿西斯高压直流线路	800	规划	2028
杜特拉Ⅱ－西尔瓦尼亚高压直流线路	800	规划	2021
格拉阿兰哈－西尔瓦尼亚线路	800	规划	2027

（三）运行交易

巴西电网区域间传输电量规模波动明显，北部电网外送电量占总规模一半以上。2019 年，巴西区域间传输电量规模达到 555.48 亿 kW•h，同比增长了 24.5%。其中，北部向东北地区和东南地区以外送为主，送电规模增加到了 346.66 亿 kW•h。随着东北地区新能源装机容量的大幅增长，东北地区已从受端转变为向东南地区外送电量。此外，东南地区向南部地区送电量也在持续增加。2015－2019 年巴西电网电量交换情况见表 1-12。

表 1-12　　　　　2015－2019 年巴西电网电量交换情况　　　　　亿 kW•h

电量交换	2015 年	2016 年	2017 年	2018 年	2019 年
北部－东北	73.07	59.68	105.4	125.58	106.24
北部－东南	86.25	－4.17	67.99	175.63	240.42
东南－南部	－156.43	－108.15	93.86	127.97	151.75
东北－东南	－58.62	－113.5	－36.43	－16.80	57.07
外送阿根廷	1.71	1.80	0.85	－2.65	－0.45
外送巴拉圭	0	0	0	0	0
外送乌拉圭	－0.06	0	－9.74	－8.71	－6.08

1.5 印度电网

印度电网由隶属中央政府的国家电网（由北部、西部、南部、东部和东北部5个同步区域电网组成）和29个邦级电网组成。印度主要负荷中心集中在南部、西部和北部地区，能源及电力具有跨区域、远距离、大规模的特点。印度电网主要电压等级为765、400、220、±800kV 和±500kV。印度 220kV 及以上跨区联网示意图如图 1-29 所示。

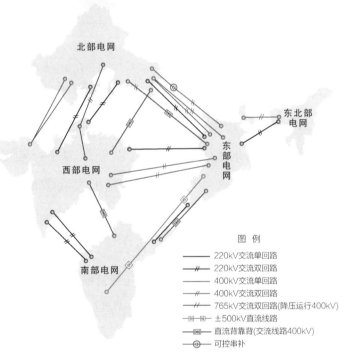

图 1-29 印度 220kV 及以上跨区联网示意图

1.5.1 经济能源概况

（一）经济发展

印度经济增速近年逐步放缓。2019 年，印度 GDP 为 2.96 万亿美元，同比

增速降至 5.02％；人均 GDP 为 2169.1 美元，同比增长 4.0％，仅为全球人均
GDP 的 20％。2015—2019 年印度 GDP 及其增长率如图 1 - 30 所示。

图 1 - 30　2015—2019 年印度 GDP 及其增长率

数据来源：World Bank。

（二）能源消费

印度能源消费增速明显下降，能源强度继续保持下降趋势。印度人口约占
世界总人口的 1/5，但能源消费仅占全世界的 1/15，2019 年能源消费总量为
913.22Mtoe，同比增长 0.76％，增速同比下降 2 个百分点。印度大力发展可再生
能源，能源结构不断改善，2019 年能源强度降至 0.088 6kgoe/美元（2015 年
价）。2015—2019 年印度能源消费总量、能源强度情况如图 1 - 31 所示。

（三）能源电力政策

（1）大力发展可再生能源。截至 2019 年底，印度可再生能源装机容量达到
8600 万 kW。印度采取加大财政投入、加快项目建设、发展分布式光伏等一系
列措施，推动可再生能源发展，其发展目标是 2022 年可再生能源装机容量达到
1.75 亿 kW，2030 年清洁能源装机容量占比达到 40％。

（2）持续推动电动交通计划。2019 年以来，喀拉拉邦、安德拉帮、北方
邦、中央邦、泰米尔纳德邦、德里分别出台电动汽车相关政策。以德里为例，
电动汽车相关政策激励包括购车价格优惠、路税豁免、登记费豁免、报废优
惠、利息补助、出行和停车优惠等，充电桩设施相关政策激励包括私人充电桩
购买补贴、州税减免、设置停车场最低充电桩配置比例等。

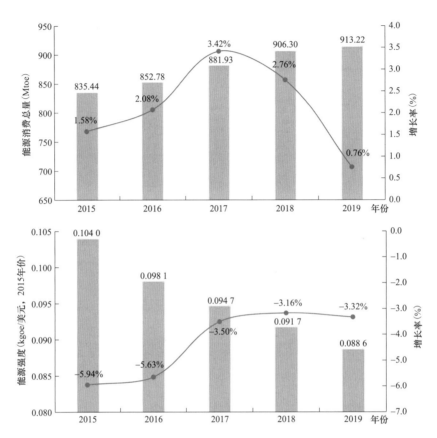

图 1-31　2015—2019 年印度能源消费总量、能源强度情况

数据来源：Enerdata，Energy Statistical Yearbook 2020。

1.5.2　电力供需情况

（一）电力供应

印度装机容量保持增长，增速在连续三年下降后有所回升，可再生能源仍为增长主要驱动力。截至 2019 财年底[1]，印度电力总装机容量达到 3.7 亿 kW，同比增长 3.92%。分类型看，可再生能源发电仍为最大增长动力，新增装机容量 911.7 万 kW，同比增长 12.0%，占比提高至 23.4%；煤电装机容量增长 464.0 万 kW，同比增长 2.3%，占比 55.5%。分地区看，北部地区装机增量最

---

[1]　印度的一个财年为当年 4 月 1 日至次年 3 月 31 日。

大，达到 623.1 万 kW，占全国装机增量的 44.7%；西部地区装机总量最大，占全国装机总量的 32.6%；东部地区装机容量减少 38.6 万 kW，减少的主要为水电。2015—2019 财年印度电源结构如图 1-32 所示。

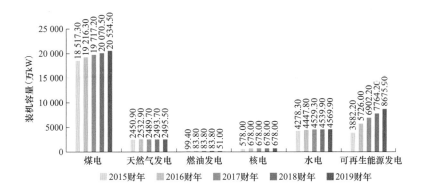

图 1-32　2015—2019 财年印度电源结构

数据来源：Government of India Ministry of Power。

印度发电量持续上涨，近 5 年增速保持在 5% 以上，可再生能源发电量占比快速提升。2019 财年，印度发电量 1.56 万亿 kW·h，同比增长 7.74%。其中，火电发电量同比增长 7.80%，在总发电量中占比 80.13%；可再生能源发电发电量同比增长 6.03%，占比达到 8.68%。2015—2019 财年印度不同类型电源发电量如图 1-33 所示。

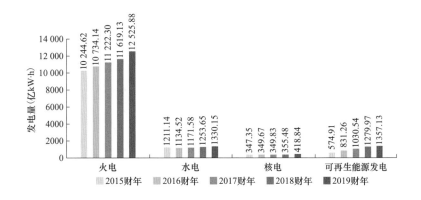

图 1-33　2015—2019 财年印度不同类型电源发电量

数据来源：Global Data。

（二）电力消费

印度用电量继续增长，增速明显放缓，供需矛盾依然突出。2019 财年，印度全社会用电量达到 1.28 万亿 kW·h，同比增长 1.28%，增速较上年降低 3.9 个百分点，电量缺口仍达到 65.66 亿 kW·h。分地区看，北部、西部、南部地区用电量大，占全社会用电量比例达 87.4%。北部地区用电量缺口最大，达到 55.66 亿 kW·h，占全部电量缺口的 84.8%。2015－2019 财年印度全社会用电量如图 1-34 所示。

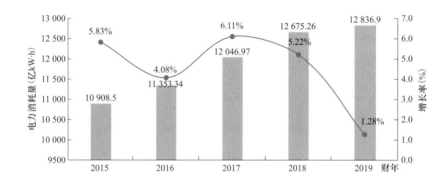

图 1-34　2015－2019 财年印度全社会用电量

数据来源：Government of India Ministry of Power。

印度电网最大用电负荷继续增长，依旧存在电力缺口。2019 财年，印度电网最大用电负荷为 18 380.4 万 kW，同比增长 3.83%，增速较上年降低约 4 个百分点，存在电力缺口 127.1 万 kW。其中，北部地区电网负荷最大，达 6655.9 万 kW，电力缺口也最大，为 69.4 万 kW。东北部地区电网电力缺口占最大用电负荷比例最大，达到 3.7%。2015－2019 财年印度电网最大用电负荷如图 1-35 所示。

1.5.3　电网发展水平

（一）电网规模

印度输电线路规模和变电容量保持增长，增速明显上升。2019 财年末，印

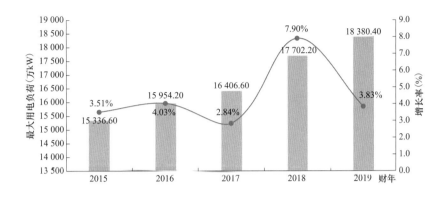

图 1-35　2015－2019 财年印度电网最大用电负荷

数据来源：Government of India Ministry of Power。

度 220kV 及以上输电线路长度达到 46.16 万 km，同比增长 11.5％。其中直流线路增长最快，同比增长 23.6％。220kV 及以上变电容量为 97.42 万 MV·A，同比增长 7.7％。其中直流换流容量增长最快，同比增长 24.0％。2015－2019 财年印度电网 220kV 及以上输电线路长度和变电（换流）容量分别见表 1-13 和表 1-14。

表 1-13　　2015－2019 财年印度电网 220kV 及以上输电线路长度　　　km

电压等级（kV）	2015 财年	2016 财年	2017 财年	2018 财年	2019 财年
765	24 245	29 950	35 301	41 862	52 569
400	147 130	157 142	171 640	180 766	197 665
220	157 238	162 530	169 236	175 697	192 102
直流	12 938	15 512	15 556	15 556	19 232
总计	341 551	365 134	391 733	413 881	461 568

数据来源：Global Data。

表 1-14　　2015－2019 财年印度电网 220kV 及以上变电（换流）容量　　　MV·A

电压等级（kV）	2015 财年	2016 财年	2017 财年	2018 财年	2019 财年
765	141 000	161 500	194 500	212 000	236 078
400	209 467	234 087	282 807	315 977	339 070
220	293 482	308 407	332 621	353 786	371 207

续表

电压等级（kV）	2015 财年	2016 财年	2017 财年	2018 财年	2019 财年
直流	15 000	16 500	22 500	22 500	27 902
总计	658 949	720 494	832 428	904 263	974 257

数据来源：Global Data。

（二）网架结构

多条跨区域输电线路正在建设，跨区输送容量稳步提升。预计到 2021 财年，跨区输电容量达到 118.1GW。2019 财年印度部分在建输电线路见表 1-15。

表 1-15　　　　　　　　2019 财年印度部分在建输电线路

工　程　名　称	电压等级（kV）	预计投运年份
沃达—奥兰加巴德线路	1200	2021
特赫里汇集站—米鲁特线路	765	2020
阿格拉—大诺伊达线路	765	2020
兰奇—梅迪尼布尔线路	765	2020
加坦普尔—阿格拉线路	765	2021
卡登布尔—哈普尔线路	765	2020
瓦朗加尔—奇拉卡卢里佩塔线路	765	2020
美因普里—巴拉线路	765	2020
安帕拉—温瑙线路	765	2020
梅迪尼布尔—吉瓦尔线路	765	2020

数据来源：Global Data。

印度与周边国家电网互联互通进一步增强，跨国电网互联程度较高。印度与周边国家电网互联情况见表 1-16。

表 1-16　　　　　　　　印度与周边国家电网互联情况

地　区	互　联　情　况
印度—尼泊尔	印度和尼泊尔通过多条 11、33、132kV 和 220kV 线路互联。其中比较重要的输电线路有 Muzaffarpur（印度）至 Dhalkebar（尼泊尔）的 400kV 线路（降压至 220kV 运行）

地　　区	互　联　情　况
印度—不丹	印度和不丹通过多条 400、220kV 和 132kV 线路互联
印度—孟加拉国	互联线路包括 Baharampur（印度）至 Bheramara（孟加拉国）的 400kV 线路和 Surajmaninagar（印度）至 Comila（孟加拉国）的 400kV 线路（降压至 132kV 运行）
印度—缅甸	通过 1 条 11kV 线路互联
印度—斯里兰卡	印度和斯里兰卡正在就建设 2×50 万 kW 跨海双极高压直流输电线路进行可行性研究

（三）运行交易

印度跨区输送电量规模持续扩大，跨区输电通道利用率仍有提升空间。2019 财年，印度五大区域电网间跨区输送电量达到 1972.1 亿 kW·h，同比增长 8.5%。北部电网和南部电网为受电区域，2019 财年分别净受电 784.2 亿 kW·h 和 481.1 亿 kW·h。西部电网和东部电网为送电区域，2019 财年分别净送电 894.9 亿 kW·h 和 377.1 亿 kW·h。东北部电网外送电量和输入电量基本平衡。2015—2019 财年印度区域间输送电量见表 1-17。

表 1-17　　　　　2015—2019 财年印度区域间输送电量　　　　　亿 kW·h

传输方向	2015 财年	2016 财年	2017 财年	2018 财年	2019 财年
西部—北部	466.2	496.0	504.8	615.3	698.7
东部—北部	139.1	212.0	200.1	219.3	242.3
东北部—北部	4.0	27.8	35.1	30.4	25.1
北部—西部	34.4	37.9	77.9	160.5	154.7
北部—东部	21.0	26.6	20.1	19.9	10.3
北部—东北部	7.7	12.9	7.2	17.0	16.9
西部—东部	35.5	54.1	99.2	148.4	174.1
东部—西部	53.9	50.6	12.5	9.1	12.2
东部—东北部	19.1	27.4	43.1	28.5	30.3

续表

传输方向	2015 财年	2016 财年	2017 财年	2018 财年	2019 财年
东北部—东部	8.2	9.5	6.3	15.0	15.4
东部—南部	220.2	200.2	244.4	269.3	296.8
南部—东部	0.0	0.0	0.0	0.0	4.7
西部—南部	159.3	224.9	222.8	225.1	239.9
南部—西部	1.6	1.0	27.0	59.5	50.9
总计	1170.2	1380.9	1500.5	1817.4	1972.1

印度出口电量规模持续扩大，连续四年实现电量净出口。印度常年从不丹进口水电，同时向尼泊尔、孟加拉国和缅甸出口电量，2016 财年首次实现电量净出口，2019 财年出口电量为 30.6 亿 kW·h。其中，从不丹进口电量 63.1 亿 kW·h，向尼泊尔和孟加拉国出口电量分别为 23.7 亿 kW·h 和 69.9 亿 kW·h。随着电力装机规模增长和结构不断优化，印度凭借地理优势，将在南亚跨境电力贸易中扮演更加重要的角色。2015—2019 财年印度与周边国家电力贸易规模见表 1-18。

表 1-18　　　　2015—2019 财年印度与周边国家电力贸易规模　　　　亿 kW·h

国家	2015 财年	2016 财年	2017 财年	2018 财年	2019 财年
不丹	55.6	58.6	56.1	46.6	63.1
尼泊尔	−14.7	−20.2	−23.9	−28.0	−23.7
孟加拉国	−36.5	−44.2	−48.1	−56.9	−69.9
缅甸	—	0.0	−0.1	−0.1	−0.1
总计	4.4	−5.8	−15.9	−38.4	−30.6

注　正值表示进口，负值表示出口。

1.6　非洲电网

非洲国家的电力系统整体较为薄弱，电力普及率低，但近年来发展十分迅速。北非五国已实现同步互联，并与欧洲西部和亚洲西部相连，南部非洲各国也基本实现互联。除南非最高电压等级为 765kV 外，其余各国骨干电网电压等级普遍以 220、400kV 为主。非洲已经成立五大区域电力池，包括北部非洲电力池（COMELEC）、东部非洲电力池（EAPP）、西部非洲电力池（WAPP）、中部非洲电力池（CAPP）和南部非洲电力池（SAPP）。非洲各电网组织区域分布如图 1-36 所示。

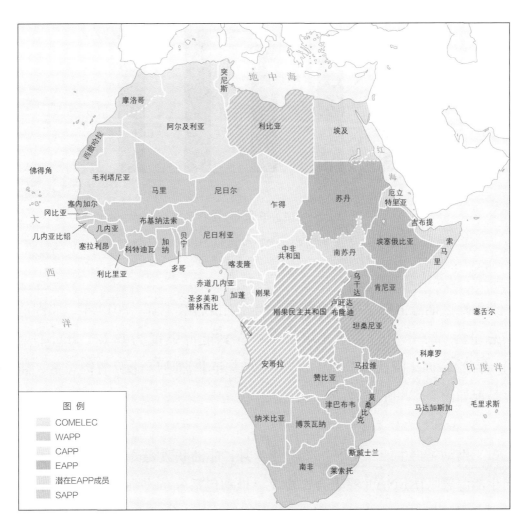

图 1-36　非洲各电网组织区域分布

1.6.1 经济能源概况

（一）经济发展

非洲经济继续保持增长态势。2019 年，非洲 GDP 接近 2.6 万亿美元，同比增长 2.51%，增速较上年降低 0.4 个百分点。尼日利亚、南非和埃及 GDP 总量排在非洲前三位。2015－2019 年非洲 GDP 及其增长率如图 1-37 所示。

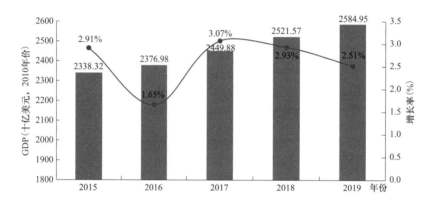

图 1-37 2015－2019 年非洲 GDP 及其增长率

数据来源：World Bank。

（二）能源消费

非洲地区能源消费总量继续提高，能源强度持续下降。2019 年，非洲能源消费总量为 829.38Mtoe，同比增长 1.85%，能源强度为 0.125 5kgoe/美元（2015 年价），同比降低 1.19%。2015－2019 年非洲地区能源消费总量、能源强度情况如图 1-38 所示。

（三）能源电力政策

（1）推动可再生能源发展。2020 年 4 月，非洲联盟委员会（AUC）和国际可再生能源署（IRENA）签署合作协议，推动包括分布式系统在内的可再生能源发展。阿尔及利亚制定了 2035 年可再生能源装机容量达到 1600 万 kW 的目标。2019 年 10 月，南非发布《2019－2030 年电力综合资源计划》，目标是到 2030 年新增 600 万 kW 太阳能发电装机和 1440 万 kW 风电装机。

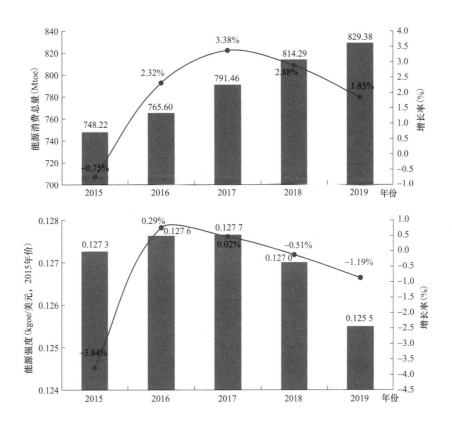

图 1-38　2015—2019 年非洲地区能源消费总量、能源强度情况

数据来源：Enerdata，Energy Statistical Yearbook 2020。

（2）鼓励发展独立发电商。南非国有电力公司 Eskom 发电量占全国总发电量 90% 以上，但由于电厂老化故障及经营不善问题，多次出现大面积停电事故，南非总统提出鼓励企业自建电厂满足用电需求。

1.6.2　电力供需情况

（一）电力供应

非洲电源装机容量较小，增长空间很大。2019 年，非洲电源总装机容量约 1.7 亿 kW，同比增长 4.4%，人均装机容量约 0.12kW，仍远低于世界平均水平。其中，水电装机占比 17.2%，火电装机占比 78.7%，风能、光能、生物质能、地热能等可再生能源发电装机占比约 3%，核电装机占比约 1.1%。2015—

2019 年非洲地区电源结构如图 1-39 所示。

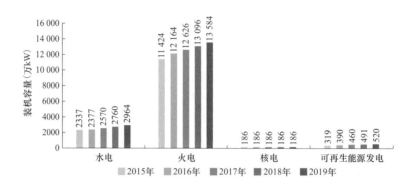

图 1-39　2015－2019 年非洲地区电源结构

数据来源：EIA，2019 年为预测值。

非洲发电量保持稳步增长，南部和北部占比较大。2019 年，非洲发电量为 8752 亿 kW·h，同比增长 4.96%。火电和水电占比较大，分别占 80.1% 和 15.1%，风电、光伏发电、地热发电、生物质发电等可再生能源发电占比 3.1%；新增发电量同样以火电和水电为主，生物质发电、水电增速最快，分别为 4.4% 和 3.6%。北部和南部非洲发电量占比分别为 43.6% 和 37.0%，中部非洲占比仅为 4.5%。2015－2019 年非洲地区不同类型电源发电量如图 1-40 所示。

图 1-40　2015－2019 年非洲地区不同类型电源发电量

数据来源：EIA，2019 年为预测值。

（二）电力消费

非洲用电量继续保持稳定增长。2019 年，非洲用电量为 7069 亿 kW·h，同比增长 3.6%，增速较上年降低 1.7 个百分点，北部增长最快，同比增长 4.4%。用电量集中于北部和南部，占比分别为 44.2% 和 37.0%，西部、东部和中部用电量占比分别为 9.0%、6.0% 和 3.8%。2015—2019 年非洲各地区用电量如图 1-41 所示。

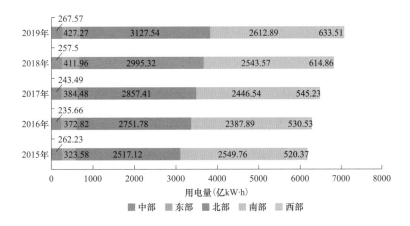

图 1-41　2015—2019 年非洲各地区用电量

数据来源：Africa Energy Database，2019 年为预测值。

南非和埃及是非洲的主要用电中心。2019 年，南非用电量为 2043.8 亿 kW·h，占非洲总量的 28.9%；埃及为 1822.6 亿 kW·h，占 25.8%。其他用电量较多的国家包括阿尔及利亚、摩洛哥和尼日利亚，分别为 602.3 亿 kW·h、369.1 亿 kW·h 和 272.1 亿 kW·h。

1.6.3　电网发展水平

（一）网架结构

非洲五大区域电力池处于不同发展阶段，发展特点也有差异。

北部非洲电力池（COMELEC）：北部非洲五国电网已通过 400/500kV 交流实现互联，并与欧洲和西亚联网。摩洛哥与阿尔及利亚通过 2 回 400kV 和

2 回 225kV 线路互联；阿尔及利亚与突尼斯通过 2 回 90kV、1 回 400kV 和 1 回 150kV 线路互联；突尼斯与利比亚通过 3 回 225kV 线路互联；利比亚与埃及通过 1 回 225kV 线路互联；埃及与苏丹通过 1 回 220kV 线路互联；埃及与约旦通过 1 回 400kV 线路互联。跨洲联网方面，摩洛哥与西班牙通过 2 回 400kV 交流互联，埃及与约旦通过 1 回 400kV 交流互联。

东部非洲电力池（EAPP）：东部非洲电网主网架主要采用 400/220kV 电压等级，区内形成北、东、西三个同步电网。北部为苏丹吉布提－埃塞俄比亚电网，东部为乌干达－肯尼亚－坦桑尼亚电网，西部为卢旺达－布隆迪－刚果（金）电网。

西部非洲电力池（WAPP）：西部非洲电网互联较弱。塞内加尔、马里、布基纳法索、科特迪瓦、加纳和北部非洲国家毛里塔尼亚通过 1 回 225kV 线路相联；加纳、多哥和贝宁通过 1 回 161kV 线路相联；尼日尔和尼日利亚通过 1 回 132kV 线路相联；加纳、多哥、贝宁和尼日利亚通过 1 回 330kV 线路相联。

中部非洲电力池（CAPP）：中部非洲各国电网之间基本没有互联，刚果（金）与安哥拉、刚果（布）以及非洲南部国家赞比亚分别通过一条 220kV 线路连接，刚果（金）东部有一小片配电网与东部非洲国家卢旺达和布隆迪相联组成孤立运行的小区域电网。

南部非洲电力池（SAPP）：南部非洲电网发展非常不均衡，南非是整个地区最发达的国家，用电需求占比高达 80%，其余国家电力基础设施薄弱，电力普及率低。除安哥拉、马拉维外，各国之间基本实现了 132～400kV 交流联网。莫桑比克和南非新建±533kV 直流线路联通；纳米比亚和南非、津巴布韦与博茨瓦纳和南非均通过 500/400kV 交流线路连接；以水电为主的北部地区和以火电为主的南部地区，通过 132kV、220kV 和 400kV 线路互联。

（二）运行交易

受互联程度低等因素约束，非洲电力贸易总量较小。2019 年，非洲电力净交换电量为 133.17 亿 kW·h，同比增长 8.9%。北部非洲净电力交换量最大，为 58.64 亿 kW•h；其次为南部非洲和西部非洲，交换电量分别为 36.86 亿 kW•h 和 29.21 亿 kW•h；东部非洲和西部非洲电力交换量极小，仅为 4.53 亿 kW•h 和 3.94 亿 kW•h。

1.7　俄罗斯电网

俄罗斯电力系统分为统一电力系统（UESR）和独立电力系统（IESR）两部分。俄罗斯统一电力系统覆盖俄罗斯联邦 79 个州，从远东至加里宁格勒跨越 9 个时区，由东方、西伯利亚、中伏尔加、乌拉尔、西北、中央、南方 7 个联合电力系统构成，包括 69 个地区电力系统，独立电力系统主要在远东地区。俄罗斯电网区域划分图如图 1-42 所示。

图 1-42　俄罗斯电网区域划分图

1.7.1　经济能源概况

（一）经济发展

2014—2015 年俄罗斯经济处于艰难时期，从 2016 年开始通过扩大出口与消费带动走出负增长状态。2019 年 GDP 达到 1.76 万亿美元，同比增长 1.34％，增速较上两年有所回落。2015－2019 年俄罗斯 GDP 及其增长率如图 1-43 所示。

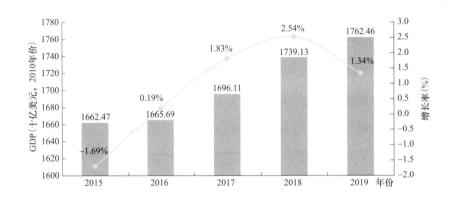

图 1-43 2015－2019 年俄罗斯 GDP 及其增长率

数据来源：World Bank。

（二）能源消费

随着经济的复苏，俄罗斯能源消费总量与能源强度均呈上升趋势，增速有所减缓。2019 年，俄罗斯能源消耗总量为 779.38Mtoe，同比上升 1.79％，增速明显放缓，能源强度达到 0.209 9kgoe/美元（2015 年价），同比略上升 0.44％。2015－2019 年俄罗斯能源消费总量、能源强度情况如图 1-44 所示。

（三）能源电力政策

俄罗斯经济对能源依赖性强，能源行业占国家 GDP 的近 25％，投资的近 33％，预算收入的 40％，出口的 50％，因此俄罗斯一直致力于能源战略和经济结构的优化。2020 年 6 月，俄罗斯总理批准了新版《俄罗斯 2035 年能源战略》，主要目标包括保持世界能源市场中的地位，加大向亚洲市场的能源出口，确保国内能源供给，降低能源强度和排放，形成具有鲁棒性的能源系统，增加一次能源生产，降低能源消费，改善能源结构等。

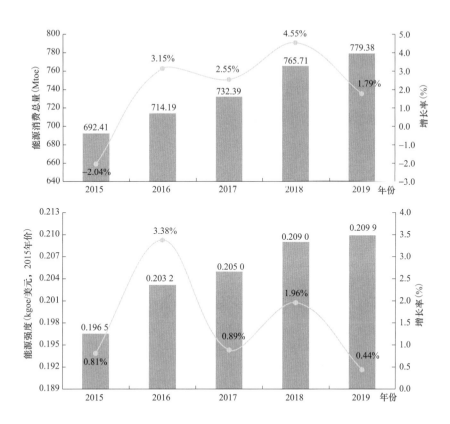

图1-44 2015－2019年俄罗斯能源消费总量、能源强度情况

数据来源：Enerdata，Energy Statistical Yearbook 2020。

1.7.2 电力供需情况

（一）电力供应

俄罗斯装机容量保持增长，天然气发电装机增长量最大，太阳能发电装机增速最快。截至2019年底，俄罗斯电源总装机达到约2.75亿kW，同比增长0.83％。其中，天然气发电装机占比53.4％，水电装机占比18.7％，煤电装机占比15.3％，核电装机占比10.3％。太阳能发电装机虽存量较小，但增长势头强劲，近5年年均增长率达到20.7％。2015－2019年俄罗斯电源结构如图1-45所示。

俄罗斯发电量保持平稳增长，天然气等传统能源占主导地位，新能源继续快速增长。2019 年，俄罗斯发电量为 8977.2 亿 kW·h，同比增长 1.0%。其中，天然气发电、核电和水电占比较大，分别占 45.6%、22.5% 和 16.3%；风电和太阳能发电增长迅速，分别同比增长 47.7% 和 16.4%。2015—2019 年俄罗斯不同类型电源发电量如图 1-46 所示。

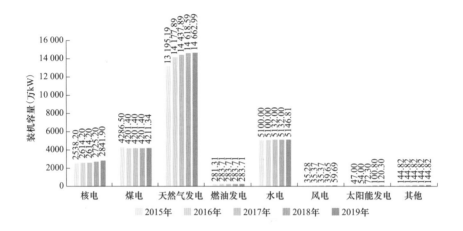

图 1-45　2015—2019 年俄罗斯电源结构

数据来源：Global Data。

图 1-46　2015—2019 年俄罗斯不同类型电源发电量

数据来源：Global Data。

（二）电力消费

俄罗斯用电量增速明显放缓。2019 年，俄罗斯用电量约 7805.67 亿 kW·h，同比增长 0.28%，增速较上年放缓 1.4 个百分点。自 2016 年经济复苏开始，俄罗斯连续三年用电量增速超过 1.5%，2019 年首次显著回落。2015—2019 年俄罗斯用电量如图 1-47 所示。

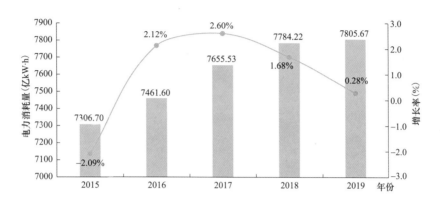

图 1-47　2015—2019 年俄罗斯用电量

数据来源：Global Data。

1.7.3　电网发展水平

（一）电网规模

俄罗斯电网规模稳步增长。截至 2019 年底，俄罗斯电网 220kV 及以上电压等级输电线路总长度为 14.9 万 km，同比增长 2.1%；变电（换流）容量 36.4 万 MV·A，同比增长 3.3%。2015—2019 年俄罗斯电网 220kV 及以上电压等级输电线路长度和变电（换流）容量分别见表 1-19 和表 1-20。

表 1-19　2015—2019 年俄罗斯电网 220kV 及以上电压等级输电线路长度　　　　km

电压等级（kV）	2015 年	2016 年	2017 年	2018 年	2019 年
220	90 415	91 195	92 560	94 900	96 915
330～400	9737	9821	9968	10 220	10 437
500	34 775	35 075	35 600	36 500	37 275
750～1150	4173	4209	4272	4380	4473
合计	139 100	140 300	142 400	146 000	149 100

数据来源：Global Data。

表 1-20　　2015－2019 年俄罗斯电网 220kV 以上电压等级变电（换流）容量

MV·A

电压等级（kV）	2015 年	2016 年	2017 年	2018 年	2019 年
220	167 251	168 178	172 542	176 000	181 750
330～400	26 760	26 908	27 607	28 160	29 080
500	120 420	121 088	124 230	126 720	130 860
750～1150	20 070	20 181	20 705	21 120	21 810
合计	334 501	336 355	345 084	352 000	363 500

数据来源：Global Data。

（二）网架结构

俄罗斯统一电力系统（UESR）的 7 个区域联合电力系统间互有联络，也均与国外电力系统有线路互联。俄罗斯统一电力系统互联情况示意图如图 1-48 所示。

东方联合电力系统：主网架由 110～500kV 输电线路构成，内部通过三条 220kV 输电线路与西伯利亚联合电力系统互联，外部与中国电网相连。电源主要位于西部，电力消费主要分布在东南部，远距离输电线路较多。

西伯利亚联合电力系统：主网架由 110、220、500kV 和 1150kV 输电线路构成，内部与乌拉尔联合电力系统和东方联合电力系统相连，外部与哈萨克斯坦、蒙古和中国电网相连。电源装机中水电约占 50％，枯水期主要通过西伯利亚联合电力系统－乌拉尔联合电力系统的联络线保持电力电量平衡。

乌拉尔联合电力系统：主网架为 500kV 多环网，内部通过 500kV 输电线路与中伏尔加联合电力系统、西伯利亚联合电力系统相连。乌拉尔联合电力系统具有较多可灵活调节电源。

中伏尔加联合电力系统：主网架由 110～500kV 输电线路构成，内部与中央联合电力系统、南方联合电力系统、乌拉尔联合电力系统相连，外部与哈萨克斯坦电网相连。中伏尔加联合电力系统装机 90％以上为火力发电，具有较好的灵活调节性能。

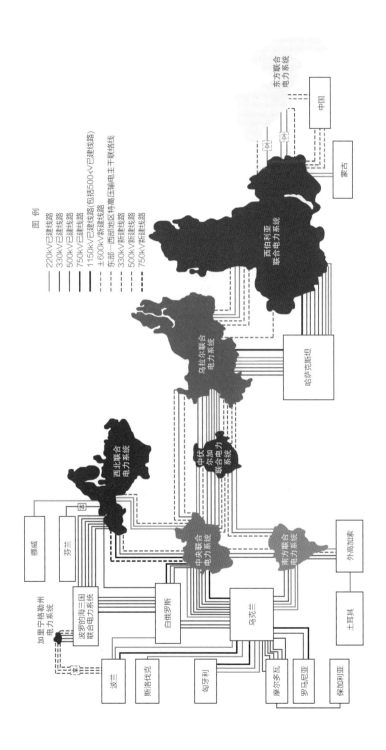

图 1 - 48 俄罗斯统一电力系统互联情况示意图

图 例

―― 220kV已建线路
―― 330kV已建线路
―― 500kV已建线路
―― 750kV已建线路
―― 1150kV已建线路(包括500kV已建线路)
━━ ±600kV新建直流特高压输电主干联络线
----- 东部—西部地区特高压输电主干联络线
----- 330kV新建线路
----- 500kV新建线路
----- 750kV新建线路

中央联合电力系统：主网架由 110～750kV 输电线路构成，内部与西北联合电力系统、中伏尔加联合电力系统、乌拉尔联合电力系统、南方联合电力系统相连，外部与乌克兰电网、白俄罗斯电网相连。中央联合电力系统为俄罗斯联合电力系统的负荷中心之一，核电装机占比在七个区域联合电力系统中最高。

西北联合电力系统：主网架由 110～750kV 输电线路构成，内部与中央联合电力系统和乌拉尔联合电力系统相连，外部与挪威电网、芬兰电网、波罗的海联合电网相连。西北联合电力系统中核电和热电装机占比超过 85%，供热约束较强。

南方联合电力系统：主网架由 110～500kV 输电线路构成，内部与中伏尔加联合电力系统和中央联合电力系统相连，外部与乌克兰电网、外高加索电网相连。

俄罗斯统一电力系统不断加强各区域电力系统间的联络，尤其是中部和西部地区间的输电线路。俄罗斯部分在建或规划输电线路见表 1 - 21。

表 1 - 21 　　　　　　　　俄罗斯部分在建或规划输电线路

工 程 名 称	电压等级（kV）	进展	预计投运年份
廓珀斯卡亚－圣彼得堡新建输电线路	750	规划	2025
新索科利尼基－他拉希基罗新建输电线路	750	规划	2023
圣彼得堡－贝罗泽斯卡亚新建输电线路	750	在建	2020
贝里拉斯特－扎帕德纳亚新建输电线路	750	在建	2020
卡里宁－弗拉基米尔州新建输电线路	750	规划	2022

数据来源：Global Data。

（三）运行交易

跨区输电方面，中央联合电力系统－西北联合电力系统、南方联合电力系统－中伏尔加联合电力系统、中央联合电力系统－南方联合电力系统交换电量规模最大，分别为 53.9 亿 kW·h、38.5 亿 kW·h 和 23.3 亿 kW·h。跨国输电方面，从外高加索地区、芬兰、中国购电量最多，分别为 242.5 亿 kW·h、

76.1亿kW•h和30.9亿kW•h。2019年俄罗斯电网跨区、跨国输送电量规模如图1-49所示。

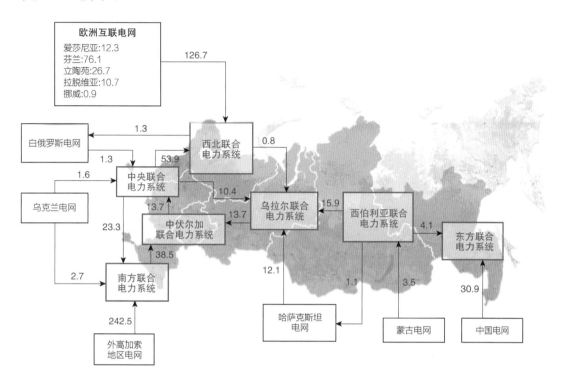

图1-49 2019年俄罗斯电网跨区、跨国输送电量规模（单位：亿kW•h）

1.8 澳大利亚电网

澳大利亚电网覆盖面积769万km²，供电人口超过2500万。由于人口和城市分布原因，澳大利亚电网分为东南部联合电网、西澳大利亚州电网、北领地电网三部分，均独立运行。东南部联合电网覆盖了东南沿海的昆士兰州、新南威尔士州（包括首都堪培拉）、维多利亚州、塔斯马尼亚州和南澳大利亚州，该电网所有电力交易都通过澳大利亚国家电力市场（NEM）完成，最高电压等级为500kV；西澳大利亚州电网最高电压等级为330kV，北领地电网最高电压等级为132kV。澳大利亚电网分布图如图1-50所示。

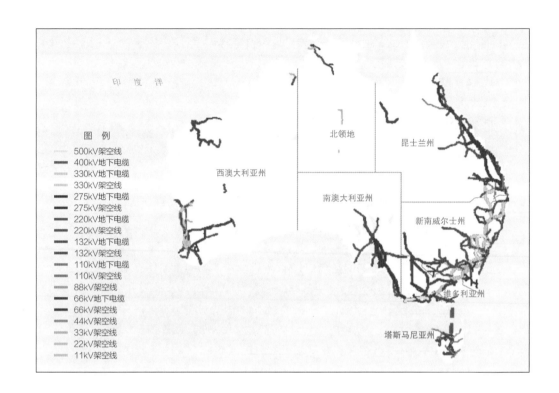

图 1-50　澳大利亚电网分布图

数据来源：Australian Renewable Energy Agency。

1.8.1　经济能源概况

（一）经济发展

2019 年，澳大利亚 GDP 达到 1.45 万亿美元，同比增长 1.90%，增长率为近五年最低水平。2015—2019 年澳大利亚 GDP 及其增长率如图 1-51 所示。

（二）能源消费

澳大利亚能源消费总量快速上升。2019 年，澳大利亚能源消费总量为 135.91Mtoe，同比增长 6.33%，增速为近五年最高。澳大利亚能源消费强度在连续多年下降后出现反弹，2019 年为 0.112 6kgoe/美元（2015 年价），同比增长 4.40%。2015—2019 年澳大利亚能源消费总量、能源强度情况如图 1-52 所示。

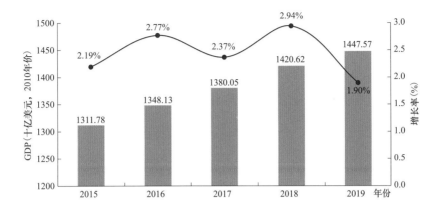

图 1 - 51　2015－2019 年澳大利亚 GDP 及其增长率

数据来源：World Bank。

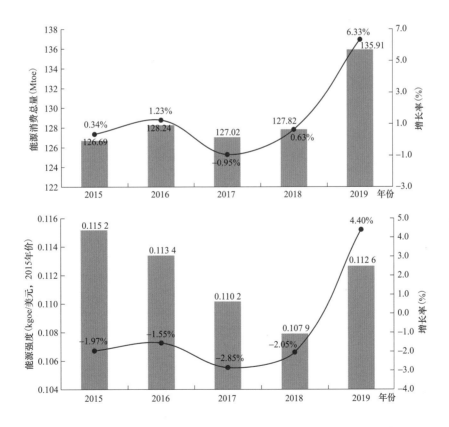

图 1 - 52　2015－2019 年澳大利亚能源消费总量、能源强度情况

数据来源：Enerdata，Energy Statistical Yearbook 2020。

（三）能源电力政策

（1）推动能源数据利用。2019 年 8 月，澳大利亚政府联合行业参与者发起消费者数据权计划。该计划是澳大利亚政府"消费者选择权"政策的一部分，旨在赋予消费者对自身能源数据的获取和控制权，并为能源消费者提供量身定制的创新服务。

（2）提高分布式能源可控性。2020 年 3 月，澳大利亚启动分布式能源注册制度，旨在形成分布式能源设备信息数据库，提高分布式能源设备的可观测性，为澳大利亚能源市场管理机构分布式能源一揽子计划提供基础。

（3）推动清洁能源发展。2020 年 5 月，澳大利亚清洁能源委员会发起了澳大利亚清洁复苏计划，旨在通过发展境内丰富的可再生能源，助力澳大利亚应对新冠肺炎疫情，实现经济复苏。

1.8.2 电力供需情况

（一）电力供应

澳大利亚装机容量加速增长，太阳能发电装机仍为增长主力。截至 2019 年底，澳大利亚总装机容量达到 7588 万 kW，同比增长 5.7%，增速为近五年最快。其中，风电和太阳能发电装机容量分别达到 602.74 万 kW 和 1213.80 万 kW，同比分别增长 19% 和 32%，共占总装机容量的 23.9%；化石能源发电装机容量经连续多年下降后呈现小幅反弹，同比增长 0.23%，达到 4819.16 万 kW，占总装机容量的 63.5%；水电装机容量保持不变，占总装机容量的 11%；生物质发电、地热发电等其他发电装机小幅增长，占总装机容量的 1.6%。2015—2019 年澳大利亚地区电源结构如图 1-53 所示。

澳大利亚发电量持续增长。2019 年，澳大利亚总发电量为 2656.52 亿 kW·h，同比增加 1.75%。其中，化石能源发电发电量在 2016 年达到峰值后持续回落，2019 年降至 2142.49 亿 kW·h，同比降低 1.16%，但占比仍最高达到 80.7%；风电和太阳能发电发电量保持持续增长趋势，分别达到 173.47 亿 kW·h 和

144.42 亿 kW·h 的新高，同比分别增长 15.72％和 45.20％；水电发电量则小幅回落到 158.14 亿 kW·h，同比下降 0.16％。2014－2019 年澳大利亚不同类型电源发电量如图 1-54 所示。

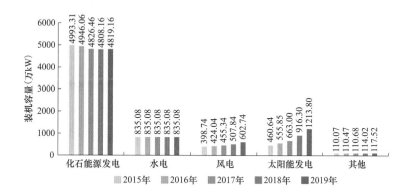

图 1-53　2015－2019 年澳大利亚电源结构

数据来源：Global Data。

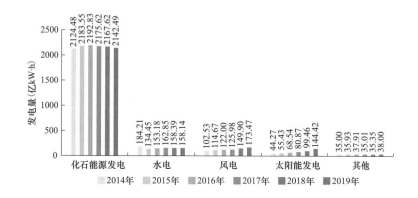

图 1-54　2014－2019 年澳大利亚不同类型电源发电量

数据来源：Global Data。

（二）电力消费

澳大利亚用电量在 2015 年经历小幅下降后保持了连年小幅增长趋势。2019 年，澳大利亚用电量达到 2511.60 亿 kW·h，同比增长 1.65％。2015－2019 年澳大利亚用电量如图 1-55 所示。

澳大利亚电网最大用电负荷在波动中增长。2019 年达到 3562.6 万 kW 的新高，同比增长 4.96％。2015－2019 年澳大利亚最大用电负荷如图 1－56 所示。

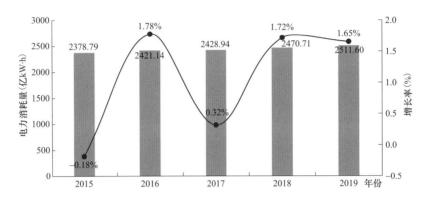

图 1－55   2015－2019 年澳大利亚用电量

数据来源：Global Data。

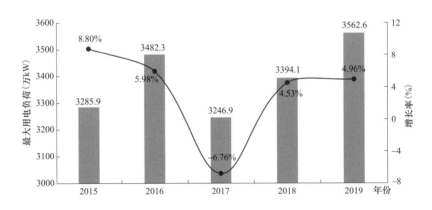

图 1－56   2015－2019 年澳大利亚最大用电负荷

数据来源：Australian Energy Regulator。

1.8.3   电网发展水平

（一）电网规模

澳大利亚输电线路规模稳定增长。截至 2019 年底，澳大利亚电网 110kV 及以上电压等级线路总长度达到 5.37 万 km，同比增加 1.35％。其中，110～330kV 电压等级线路总长度达到 4.24 万 km，同比增加了 1.36％，连续五年保持增长；330～500kV 线路长度达到 1.07 万 km，2015－2017 年经历小幅下跌后开始反弹，2018 年和 2019 年分别同比增加 0.5％和 1.4％。2015－2019 年澳大利亚电网 110kV 及以上电压等级输电线路长度见表 1-22。

表 1-22　　2015－2019 年澳大利亚电网 110kV 及以上电压等级输电线路长度　　km

电压等级（kV）	2015 年	2016 年	2017 年	2018 年	2019 年
110～330（不含 330）	41 312	41 677	41 721	41 872	42 443
330～500	10 563	10 516	10 488	10 536	10 683
直流	614	614	614	614	614
合计	52 489	52 807	52 823	53 022	53 740

数据来源：Global Data。

（二）网架结构

澳大利亚电网新建、升级输电线路主要目的在于服务清洁能源发展，保证电网的安全可靠高效运行。2019－2020 年澳大利亚主要在建输电工程见表 1-23。

表 1-23　　　　　2019－2020 年澳大利亚主要在建输电工程

项目名称	项 目 内 容	预计试运行时间
昆士兰州－新南威尔士州输电线路扩容	升级 Liddell 至 Tamworth 间 330kV 输电线路	2022 年 6 月
维多利亚州－新南威尔士州联络线路升级	South Morang 新装 500/330kV 变压器；升级 South Morang - Dederang 330kV 线路	2021 年 12 月
新南威尔士州－南澳大利亚州新建联络线路	Roberstown 和 Buronga 间，Buronga 和 Dinawan 间，Dinawan 和 Wagga 间新建 3 条 330kV 双回线路；Roberstown 新建 330kV 变电站；Buronga 新建 330kV 换相器和 330/220kV 变压器；Dinawan 新建 330kV 开关站	2024 年 3 月

数据来源：TransGrid。

（三）运行交易

2019 年，澳大利亚跨区交易电量在连续两年下降后出现增长，交易总和达到 11.35 亿 kW·h，同比增加 6.71％。昆士兰州发电能力盈余，为长期净电能输出州；维多利亚州在 2016 年前有巨大电能交易顺差，主要源于州内廉价的褐煤发电，但自 2017 年黑兹尔伍德发电厂关停后，电能输出大幅下降；新南威尔士州的燃料成本相对较高，为电能净输入州；南澳大利亚州本地发电成本较高，2017 年之前一直呈现电能交易逆差，随着州内风电迅猛发展，电能自给能力增强，并在 2019 年首次实现电能交易顺差。塔斯马尼亚州电网与主网隔海相连，州内水电资源丰富，电能交易主要受当地降雨和互联线路稳定性影响，2013—2014 年的高煤价曾使得发电资源丰富的塔斯马尼亚州成为最大的电力输出州，但自 2015 年起由于取消碳定价和州内气候干旱，塔斯马尼亚州逐渐转变为电能输入州。2015—2019 年澳大利亚各州交易电量如图 1-57 所示。

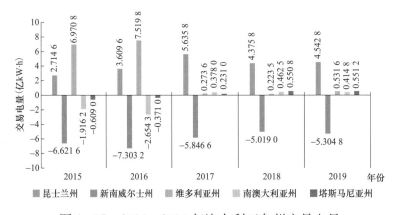

图 1-57　2015—2019 年澳大利亚各州交易电量

数据来源：Australian Energy Regulator。

正值—输出，负值—输入。

1.9　小结

能源消费方面，不同发展阶段经济体情况分化。发达经济体能源消费总量和能源强度呈现双降；发展中国家能源消费总量保持增长，随着能效的提升，能源强度普遍降低或略有增长。北美、欧洲和日本能源消费总量和能源强度均不同程度下降，2019 年，消费总量分别同比下降 1%、1.86%、0.88%，能源强度分别同比下降 3.19%、3.42%、1.22%。澳大利亚呈明显"双反弹"，能源消费总量增加 6.33%，能源强度增加 4.4%。发展中国家能源消费总量保持增长，能源强度普遍降低或略有增长，其中，印度和非洲能源强度分别下降 3.32% 和 1.19%。

能源电力政策方面，多国持续推进清洁低碳转型，能源安全关注度提升。2019 年，美国对能源基础设施安全审查力度不断加强，联邦政府和各州政府在新能源战略上意见分化。欧洲推进能源系统一体化和氢能发展。日本大力推进可再生能源和氢能发展，同时加强能源安全体系建设。俄罗斯提出新的能源战略，在确保国内能源供给前提下，稳固其在世界能源市场中的地位。澳大利亚加强能源数据利用，推动分布式能源和清洁能源发展。巴西以能源市场化改革推动能源价格下降，并持续推动光伏发展。印度持续大力发展可再生能源，推动电动交通计划。非洲国家扶持可再生能源发展，并鼓励独立发电商发展。

电力供需方面，供应侧清洁转型持续推进，需求侧增长趋势存在差异。从电力供应看，2019 年，各国装机均保持稳定增长，太阳能、风能、生物质能等可再生能源发电为最大增长动力，其中，澳大利亚、巴西太阳能发电发展最快，装机增速分别超过 30% 和 80%；从发电量看，印度增速超过 7%，非洲增速接近 5%，北美、欧洲、日本略有降低，其他国家维持平稳增长，其中，日本核电发电量大幅减少，同比下降超过 60%，巴西太阳能发电跨越式发展，发电量增速超过 280%。从电力消费看，2019 年，北美、欧洲、日本用电量不同程度下降，巴西、印度、俄罗斯、澳大利亚增速不超过 2%，非洲增速最快，超过 3.5%。

电网规模方面，区域间互联和交易规模持续增加，可再生能源为电网发展驱动力。2019 年，各国电网规模保持稳定增长，主要用于满足增长的电力需求、提升跨区输电能力、实现新能源的接入等，其中巴西、印度高速增长，增速分别达到 4.6％和 11.5％，巴西±800kV 美丽山二期特高压直流工程投运，该电压等级线路长度翻倍。各地区和国家电力交易总体增长，但美国、日本交易电量有所下降。欧洲、俄罗斯、澳大利亚、非洲、巴西、印度等多国（地区）都继续推动区域电网互联，澳大利亚东南部联合电网、俄罗斯联合电力系统持续加强，北非五国实现同步互联，并与欧洲西部同步联网，南非各国也基本实现互联，西部电网互联较弱。

2

中国电网发展

中国大陆电网（简称中国电网）供电范围覆盖我国除台湾地区外的 22 个省、4 个直辖市和 5 个自治区，供电人口超过 14 亿，主要由国家电网有限公司（简称国家电网公司）、中国南方电网有限责任公司（简称南方电网公司）和内蒙古电力（集团）有限责任公司（简称内蒙古电力公司）三个电网运营商运营。其中，国家电网公司经营区域覆盖我国 26 个省（自治区、直辖市），供电范围占国土面积的 88%，供电人口超过 11 亿；南方电网公司经营区域覆盖云南、广西、广东、贵州、海南五省（区），覆盖国土面积 100 万 km^2，供电总人口 2.54 亿人，供电客户 9270 万户，同时兼具向我国香港、澳门送电的任务；内蒙古电力公司负责蒙西电网运营，供电区域 72 万 km^2，承担着内蒙古自治区中西部 8 个盟市的供电任务，是华北电网的重要组成部分，是保障京津冀电力供应的重要送端。

本章从发展环境、投资造价、规模增长、网架结构、配网发展、运行交易等方面进行分析，总结了 2019 年以来中国电网发展变化和特点。

2019 年，中国电网事业取得显著成就。截至 2019 年底，中国电网 220kV 及以上电压等级输电线路长度达 75.5 万 km，变电（换流）容量达到 42.6 亿 kV·A（kW），并网新能源发电装机容量超过 4 亿 kW，跨区输电能力达到 1.48 亿 kW，为世界上新能源发电并网规模最大、输电能力最强、安全运行记录最长的特大型电网。华北—华中、华东、东北、西北、西南、南方、云南 7 个区域或省级同步电网网架不断加强，结构不断优化，截至 2020 年 9 月，在运特高压线路达到"十三交十五直"。清洁能源消纳整体形势持续向好，弃电量、弃电率实现"双降"。配电网持续向智能化发展，建成北京城市副中心世界一流高端智能配电网等世界一流配电网先行示范区，城、农网供电可靠性、供电质量进一步提升。

2.1 电网发展环境

2.1.1 经济社会发展

中国国民经济运行总体平稳，发展质量稳步提升。2019 年，中国 GDP 达

到 99.09 万亿元（当年价），居世界第二位，同比增长 6.1%，增速在经济总量
超过 1 万亿美元的经济体中位居第一，明显高于全球经济增速，对世界经济增
长贡献率约达 30%，持续成为推动世界经济增长的主要动力源。2013—2019 年
中国国内生产总值及增长速度如图 2-1 所示。

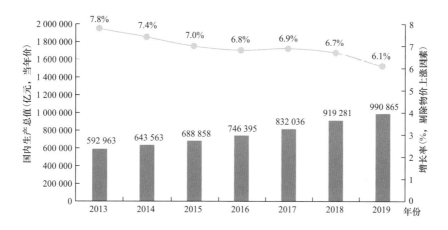

图 2-1　2013—2019 年中国国内生产总值及增长速度

数据来源：国家统计局，中华人民共和国 2019 年国民经济和社会发展统计公报。

中国能源消费总量持续增长，单位 GDP 能耗不断下降。2019 年，中国能
源消费总量为 3284Mtoe，同比增长 3.2%，能源消费弹性系数为 0.52，2013—
2019 年中国能源消费总量及增速如图 2-2 所示。2019 年，中国能源强度为

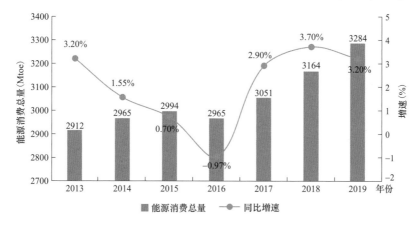

图 2-2　2013—2019 年中国能源消费总量及增速

数据来源：Enerdata，Energy Statistical Yearbook 2020。

0.128kgoe/美元（2015 年价），同比下降 3%，但仍高于世界平均水平约 16%。2013－2019 年中国与世界能源消费强度变化如图 2-3 所示。

图 2-3　2013－2019 年中国与世界能源强度变化

数据来源：Enerdata，Energy Statistical Yearbook 2020。

2.1.2　能源电力政策

（一）推进电力体制改革

（1）输配电价改革方面。

2020 年 1 月，国家发展改革委发布《区域电网输电价格定价办法》（发改价格规〔2020〕100 号）和《省级电网输配电价定价办法》（发改价格规〔2020〕101 号），按照准许成本加合理收益方法核定输配电准许收入，输配电价格在每一监管周期开始前核定，监管周期为三年。两个文件进一步明确了定价规则，规范了定价程序，最大限度减少了自由裁量权，提高了政府定价的法治化、规范化、透明度，为科学核定电网输配电价，深化输配电价改革、扩大电力市场化交易奠定了基础，同时标志着我国输配电价监管政策体系框架的初步完善。

2020 年 5 月，国家发展改革委发布《关于加强和规范电网规划投资管理工作的通知》（发改能源规〔2020〕816 号），要求电网规划应切实加强与经济社会发展规划统筹，有效衔接社会资本投资需求，遵循市场主体选择，合理涵盖各类主体电网投资项目。加强电网规划与电力体制改革的衔接，优化调整电网规划覆盖范围，明确电网规划编制深度规定，规范电网投资项目管理，开展电网项目动态监管，加强事后分析评估。

（2）增量配电改革方面。

2019 年 10 月，国家发展改革委、国家能源局发布《关于请报送第五批增量配电业务改革试点项目的通知》（发改办运行〔2019〕1004 号），要求进一步加快向社会资本放开配售电业务，同时加快前四批试点项目落地，政府主管部门要严加督促，电网企业要积极配合各级政府，为项目落地实施提供便利，保障试点项目顺利推进。2020 年 8 月，国家发展改革委、国家能源局发布《关于开展第五批增量配电业务改革试点的通知》，公布了第五批增量配电业务改革试点名单，继续推动增量配电业务改革。2016 年 11 月－2020 年 8 月，国家发展改革委、国家能源局先后分五批在全国范围内开展了 483 个增量配电业务改革试点。

2020 年 4 月，国家能源局综合司印发《国家能源局 2020 年资质管理和信用工作要点的函》（国能综通资质〔2020〕31 号），要求各派出机构要主动服务增量配电企业，进一步降低市场准入门槛。

（3）电力现货市场建设方面。

2019 年 7 月，国家发展改革委、国家能源局联合印发了《关于深化电力现货市场建设试点工作的意见》（发改办能源规〔2019〕828 号），明确了以中长期交易为主、现货交易为补充的电力市场建设总体思路，完善市场化电力电量平衡机制和价格形成机制，促进形成清洁低碳、安全高效的能源体系。

2020 年 2 月，国家能源局发布《电力现货市场信息披露办法（暂行）（征求意见稿）》，就现货市场信息披露办法广泛征求社会意见。

2020 年 3 月，国家发展改革委发布《关于做好电力现货市场试点连续试结算相关工作的通知》（发改办能源规〔2020〕245 号），要求结合实际制定电力现货市场稳定运行的保障措施，做好电力中长期交易合同衔接工作，加强电力现货市场结算管理，充分发挥价格信号对电力生产、消费的引导作用，规范确定市场限价，加强市场运营机构及技术支持系统开发方的中立性管理，加强市场风险防范，同时严格市场注册管理。

2020 年 6 月，国家能源局印发《2020 年能源工作指导意见》，提出 2020 年要深入推进电力现货市场连续结算试运行，具备条件的地区正式运行。

（二）优化能源供给结构

（1）化解过剩产能。

各部门出台相关政策扎实做好"六稳"工作，落实"六保"任务，统筹推进疫情防控和经济社会发展工作，深入推进供给侧结构性改革，全面巩固去产能成果。

2019 年 9 月，国家能源局印发《国家能源局关于下达 2019 年煤电行业淘汰落后产能目标任务的通知》（国能发电力〔2019〕73 号），全国合计计划淘汰 866.4 万 kW 落后煤电产能。

2020 年 6 月，国家发展改革委出台《关于做好 2020 年重点领域化解过剩产能工作的通知》（发改运行〔2020〕901 号），2020 年煤电化解过剩产能工作要点提出，淘汰关停不达标的落后煤电机组；依法依规清理整顿违规建设煤电项目；发布实施煤电规划建设风险预警，按需有序规划建设煤电项目，严控煤电新增产能规模，按需合理安排煤电应急备用电源和应急调峰储备电源；2020 年底全国煤电装机规模控制在 11 亿 kW 以内。

（2）保障能源安全。

2020 年 6 月，国家发展改革委发布《关于做好 2020 年能源安全保障工作的指导意见》（发改运行〔2020〕900 号），指出要持续构建多元化电力生产格局。在保障消纳的前提下，支持清洁能源发电大力发展，加快推动风电、光伏发电补贴退坡，推动建成一批风电、光伏发电平价上网项目，科学有序推进重点流域水电开发，打造水风光一体化可再生能源综合基地。安全发展先进核电，发挥电力系统基荷作用。开展煤电风光储一体化试点，在煤炭和新能源资源富集的西部地区，充分发挥煤电调峰能力，促进清洁能源多发满发。2020 年底，常规水电装机达到 3.4 亿 kW 左右，风电、光伏发电装机均达到 2.4 亿 kW 左右。

（3）推进清洁能源建设。

随着一系列政策出台，我国可再生能源平稳发展，新能源发电成本进一步下降，价格政策不断改进，市场调节作用日趋明显。政策指引下，能源结构改革进一步深化，降低了能源行业社会资本经营的环保企业市场准入门槛，开放金融领域对绿色能源的支持。

2019 年 5 月，国家能源局印发《关于 2019 年风电、光伏发电项目建设有关事项的通知》（国能发新能〔2019〕49 号），要求促进风电、光伏发电技术进步和成本降低，实现高质量发展。各省级能源主管部门应按照国家可再生能源"十三五"相关规划和本区域电力消纳能力，分别按风电和光伏发电项目竞争配置工作方案确定需纳入国家补贴范围的项目。竞争配置工作方案应严格落实公开公平公正的原则，将上网电价作为重要竞争条件，优先建设补贴强度低、退坡力度大的项目。各派出能源监管机构加强对各省（区、市）风电、光伏发电项目竞争配置的监督。

2020 年 1 月，财政部、国家发展改革委、国家能源局发布《关于促进非水可再生能源发电健康发展的若干意见》（财建〔2020〕4 号），国家不再发布可再生能源电价附加补助目录，转由电网企业确定并定期公布符合条件的可再生能源发电补贴项目清单。

2020 年 3 月，国家发展改革委发布《关于 2020 年光伏发电上网电价政策有关事项的通知》（发改价格〔2020〕511 号），对集中式光伏发电继续制定指导价，降低工商业分布式光伏发电补贴标准，降低户用分布式光伏发电补贴标准，继续支持光伏扶贫电站，并且鼓励各地出台针对性扶贫政策支持光伏产业发展。充分发挥市场机制作用，引导光伏发电行业合理投资，推动光伏发电产业健康有序发展。

2020 年 4 月，国家能源局综合司发布《关于做好可再生能源发展"十四五"规划编制工作有关事项的通知》（国能综通新能〔2020〕29 号），明确了可再生能源发展"十四五"规划重点。优先开发当地分散式和分布式可再生能源资源，大力推进分布式可再生电力、热力、燃气等在用户侧直接就近利用，结合储能、氢能等新技术，提升可再生能源在区域能源供应中的比重。在电源侧研究水电扩机改造、抽水蓄能等储能设施建设、火电灵活性改造等措施，提升系统调峰能力。

2020 年 5 月，中国人民银行、国家发展改革委、中国证监会发布《关于印发〈绿色债券支持项目目录（2020 年版）〉的通知（征求意见稿）》，涉及电力设施节能、风力发电装备制造、水力发电和抽水蓄能装备制造、生物质能利用装备制造、核电装备制造、燃气轮机装备制造、地热能开发利用装备制造、可再生能源设施建设与运营等，以金融领域视角鼓励绿色产业、绿色项目或其他绿色经济活动。

2020 年 6 月，财政部发布《清洁能源发展专项资金管理暂行办法》，进一步推进清洁能源使用，支持可再生能源、清洁化石能源以及化石能源清洁化，对农村水电增效扩容改造给予奖励，对煤层气、页岩气、致密气等非常规天然气开采利用给予奖励。

（三）促进经济社会发展

（1）疫情防控常态化下恢复经济发展。

2020 年 1 月，国家能源局印发《关于切实做好疫情防控电力保障服务和当前电力安全生产工作的通知》（国能综通安全〔2020〕6 号），就进一步做好疫情防控电力保障服务和当前电力安全生产等有关工作提出要求。

2020 年 2 月，国家发展改革委发布《国家发展改革委办公厅关于疫情防控期间采取支持性两部制电价政策降低企业用电成本的通知》（发改办价格〔2020〕110 号），在疫情防控期间采取支持性电价政策，重点减免两部制电力用户容（需）量电费支出，降低企业用电成本，支持企业共渡难关。

2020 年 2 月，为减少疫情防控对国家经济的影响，支持企业复工复产，国家发展改革委发布《阶段性降低企业用电成本支持企业复工复产的通知》（发改价格〔2020〕258 号），阶段性降低除高耗能行业用户外的，当时执行一般工商业及其他电价、大工业电价的电力用户用电成本。电网企业在计收上述电力用户（含已参与市场交易用户）电费时，统一按原到户电价水平的 95% 结算。

2020 年 6 月，国家发展改革委发布《关于延长阶段性降低企业用电成本政策的通知》（发改价格〔2020〕994 号），要求针对除高耗能行业用户外的，当时执行一般工商业及其他电价、大工业电价的电力用户，至 2020 年 12 月 31 日统一按原到户电价水平的 95％结算。

（2）加快推进深度贫困地区能源建设。

2019 年 4 月，为扎实有序推进光伏扶贫工作，国家能源局、国务院扶贫办发布《关于下达"十三五"第二批光伏扶贫项目计划的通知》（国能发新能〔2019〕37 号），共下达 15 个省（区）、165 个县光伏扶贫项目，总装机规模约 167 万 kW。

2020 年 5 月，国务院扶贫办和国家能源局联合下发《关于将有关村级光伏扶贫电站项目纳入国家规模范围的通知》（国开办发〔2020〕16 号），将审核通过的458.8 万 kW 村级光伏扶贫电站项目纳入国家规模范围，享受国家补贴政策。

（3）积极推进多领域的电能替代。

2019 年 10 月，生态环境部、国家发展改革委等十部门联合北京市、天津市等人民政府共同印发《京津冀及周边地区 2019—2020 年秋冬季大气污染综合治理攻坚行动方案》（环大气〔2019〕88 号），要求有效推进清洁取暖，因地制宜，合理确定改造技术路线。"煤改电"要以可持续、取暖效果佳、可靠性高、受群众欢迎的技术为主。国家电网公司要进一步加大"煤改电"实施力度，在条件具备的地区加快建设一批输变电工程，与相关城市统筹"煤改电"工程规划和实施，提高以电代煤比例。

2020 年 4 月，国家发展改革委等 11 部委印发《关于稳定和扩大汽车消费若干措施的通知》，指出将新能源汽车补贴政策延续至 2022 年底，并平缓 2020—2022 年补贴退坡力度和节奏，加快补贴资金清算速度。加快推动新能源汽车在城市公共交通等领域推广应用。中央财政还将通过"以奖代补"方式，支持引导重点地区完成淘汰 100 万辆老旧柴油货车的目标任务。

2020 年 6 月，国家交通部印发《关于推进海事服务粤港澳大湾区发展的意见》，推进液化天然气燃料动力、电池动力等船舶应用和船舶靠港使用岸电，拓展电能、氢能等新能源在船舶领域的应用，促进船舶节能减排。研究推动大湾区绿色渡轮技术。

（4）优化电力营商环境。

2019 年 12 月，国家能源局发布《电网公平开放监管办法（征求意见稿）》，指出要加强电网公平开放监管，规范电网设施开放行为，保护相关各方合法权益和社会公共利益，对电源接入和电网互联等业务流程和信息公开进行了规定。

2020 年 4 月，国家能源局发布《关于贯彻落实"放管服"改革精神优化电力业务许可管理有关事项的通知》（国能发资质〔2020〕22 号），继续实施电力业务许可豁免政策。其中装机容量 6MW（不含）以下的太阳能、风能、生物质能（含垃圾发电）、海洋能、地热能等可再生能源发电项目不再要求取得发电类电力业务许可证。

2020 年 5 月，国家能源局发布《关于做好电力业务资质许可告知承诺制试点相关工作的通知》（国能综通资质〔2020〕36 号），要求上海市、湖北省、浙江省、海南自由贸易试验区、深圳社会主义先行示范区做好电力业务许可，创新许可管理方式，提高许可审批效率。

2020 年 6 月，国家能源局发布《关于开展电力业务资质许可服务"好差评"工作的通知》（国能综通资质〔2020〕50 号），全面及时准确了解企业和群众对电力业务许可、承装（修、试）电力设施许可服务的感受和诉求，接受社会监督，持续提升服务水平，优化营商环境。

2.1.3 电力供需情况

（一）电力供应

中国发电装机容量继续扩大，增速有所放缓，清洁能源装机增长强劲，装机结构清洁化趋势明显。截至 2019 年底，中国发电装机容量达到 20.1 亿 kW，同比增长 5.8%，增速较上年降低 0.7 个百分点。其中，火电装机容量 11.9 亿 kW，同比上升 4.1%，新增装机容量 4647 万 kW；水电装机容量 3.56 亿 kW，同比上升 1.1%，新增装机容量 381 万 kW；受政策影响，太阳能发电装机容量增速有所放缓，装机容量达到 2.05 亿 kW，同比增长 17.4%，占全部装机容量的 10.2%，新增装机容量约 3035 万 kW，成为新增容量最多的类型；风电装机容量达到 2.1 亿 kW，同比增长 14%，新增装机容量 2578 万 kW；核电装机容量达到 4874 万 kW，同比增长 9.1%，新增装机容量 408 万 kW。2018—2019年中国发电装机容量及增速、发电装机结构分别如图 2-4、图 2-5 所示。

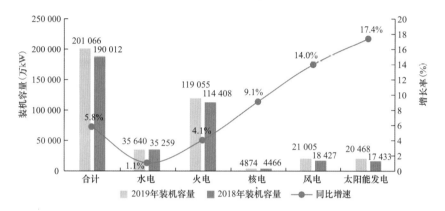

图 2-4　2018—2019 年中国发电装机容量及增速

数据来源：中国电力企业联合会，中国电力行业年度发展报告 2020。

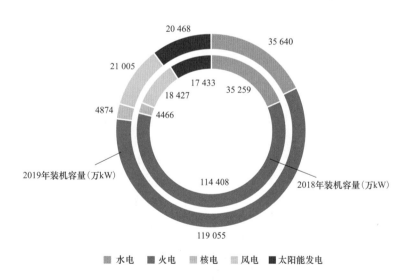

图 2-5　2018—2019 年中国发电装机结构

数据来源：中国电力企业联合会，中国电力行业年度发展报告 2020。

发电量增速出现回落，火电发电量比重继续下降，非化石能源发电发电量快速增长。2019 年，中国全口径发电量 73 253 亿 kW·h，同比增长 4.7%，增速较上年减少 3.6 个百分点。其中火电发电量 50 450 亿 kW·h，同比增长 2.4%，占总发电量的 68.87%，占比较上年下降 1.5 个百分点；水电发电量同比增长 5.7%，占总发电量的 17.8%，占比较上年增长 0.2 个百分点；核电、并网风电和并网太阳能发电发电量分别占总发电量的 4.8%、5.5% 和 3.1%，分别较上年提高 0.6 个、0.3 个、0.6 个百分点，2018－2019 年中国不同类型电源发电量及增速、2018－2019 年中国发电量结构分别如图 2-6、图 2-7 所示。

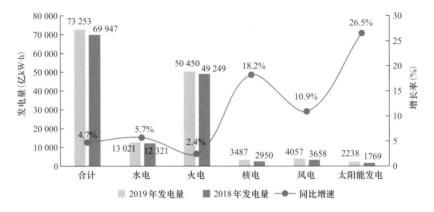

图 2-6　2018－2019 年中国不同类型电源发电量及增速

数据来源：中国电力企业联合会，中国电力行业年度发展报告 2020。

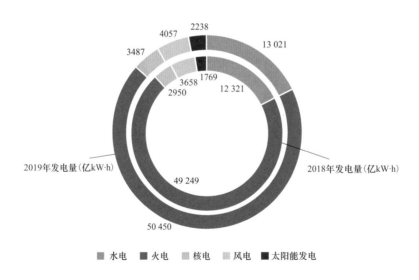

图 2-7　2018－2019 年中国发电量结构

数据来源：中国电力企业联合会，中国电力行业年度发展报告 2020。

全国发电设备平均利用小时数有所降低，火电和核电设备利用小时数下降幅度较大，水电受来水充沛影响有所增加。2019 年，全国 6000kW 及以上发电设备累计平均利用小时为 3828h，较上年降低 52h。其中，水电 3697h，较上年增加 90h；太阳能发电 1291h，较上年增加 61h；火电 4307h，较上年减少 71h；核电 7394h，较上年减少 149h；风电 2083h，较上年减少 20h。2019 年中国不同类型发电设备利用小时数及变化如图 2-8 所示。

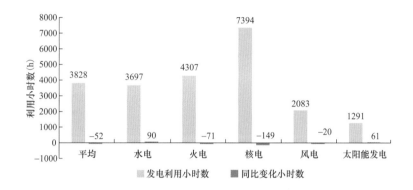

图 2-8　2019 年中国不同类型发电设备利用小时数及变化
数据来源：中国电力企业联合会，中国电力行业年度发展报告 2020。

可再生能源持续快速发展，消纳形势比上年明显转好。截至 2019 年底，可再生能源发电装机容量达到 7.7 亿 kW，占电源总装机容量的 38.4%。2019 年弃风率、弃光率实现双降，平均弃风率 4%，同比下降 3 个百分点；弃光率 2%，同比下降 1 个百分点。2019 年全国弃风电量总计 169 亿 kW·h，同比减少 108 亿 kW·h。全国弃光量总计 46 亿 kW·h，同比减少 8.9 亿 kW·h。风电、光伏发电消纳难的问题主要集中在西北地区。新疆、甘肃、内蒙古三省（区）弃风率仍超 5%，弃风电量合计 136 亿 kW·h，占全国弃风电量的 81%。西藏、新疆、甘肃三省（区）弃光率分别为 24.1%、7.4%、4.0%，大幅超过全国平均弃光率。西北地区弃光电量占全国的 87%。

（二）电力消费

中国全社会用电量增速有所放缓，第三产业用电增长最快，用电结构进一步调整。2019 年，中国全社会用电量达到 72 255 亿 kW•h，同比增长 4.5%，增速较上年下降 3.9 个百分点。随着经济结构不断优化，用电结构随之调整，第三产业用电量达到 1.19 万亿 kW•h，同比增长 9.5%，仍然为增长最快的产业，对全社会用电量增长的贡献率为 33.1%；城乡居民生活用电量达到 1.03 万亿 kW•h，对全社会用电量增长的贡献率为 17.9%，较上年提升 0.1 个百分点；人均生活用电量达到 732kW•h。2018－2019 年中国各产业和居民生活用电量及增速如图 2 - 9所示。

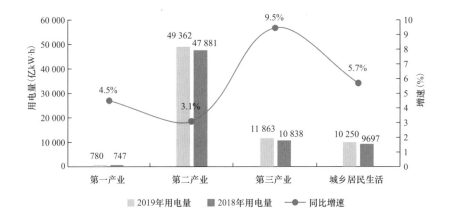

图 2 - 9　2018－2019 年中国各产业和居民生活用电量及增速
数据来源：中国电力企业联合会，中国电力行业年度发展报告 2020。

西部地区用电量增速领先。2019 年，东、中、西部和东北地区全社会用电量分别同比增长 3.6%、4.5%、6.2%、3.7%，占全国比重分别为 47.2%、18.7%、28.3%、5.8%，全国共有 28 个省份用电量实现正增长。

受夏季大范围持续高温天气影响，全国最大用电负荷大幅增长。2019年，全国电网统调最大用电负荷 10.5 亿 kW，同比增长 6%。除北京、湖北和甘肃最大用电负荷有所下降外，其余各省（区、市）级电网均不同程度增长。四川、新疆、安徽、河北和冀北等省级电网增速较高，2018－2019 年国家电网公司经营区各省（区、市）级电网最大用电负荷及增速如图 2 - 10所示。

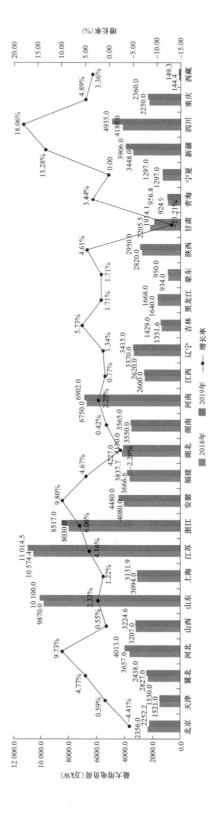

图 2-10　2018—2019 年国家电网公司经营区各省（区、市）级电网最大用电负荷及增速

全国电力供需总体平衡。2019 年，东北、西北区域电力供应能力富余；华北、华东、华中、南方区域电力供需总体平衡，其中，蒙西、冀北、辽宁、浙江、江西、湖北、海南等省级电网在部分时段采取了有序用电措施，蒙西电网从前几年的电力供应能力富余转为电力供应偏紧。

2.2 电网发展分析

2.2.1 电网投资

（一）总体情况

中国电力投资连续两年下降后，2019 年小幅增长，其中电源投资大幅增长，电网投资有所下降。2013－2019 年中国电力投资规模如图 2-11 所示，2019 年中国电力投资 8295 亿元，同比增长 1.6%。电力投资自 2016 年达到峰值后有所回落，2017－2019 年一直稳定在 8200 亿元上下。

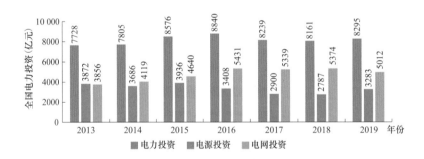

图 2-11　2013－2019 年中国电力投资规模

数据来源：中国电力企业联合会，2019 年全国电力工业统计快报。

电源投资一改 2016－2018 连续三年下降的趋势，2019 年再次突破 3000 亿元，达到 3283 亿元，同比增长 17.8%。电源投资大幅增长主要受可再生能源发电建设拉动，水电、风电投资规模分别同比增长 19.8% 和 92.6%，而随着化解煤电产能过剩工作的持续推进，火电投资同比下降 19.4%。

2019 年电网投资 5012 亿元，同比下降 6.7%，2016－2019 年年均降速为 2.6%。电网投资占电力投资的比例为 60.4%，较上一年下降了 5.4 个百分点。

（二）电网投资结构

电网投资继续向配网、农网倾斜。2019 年 220kV 及以上电压等级输电网投资 1523 亿元，同比下降 24%；110kV 及以下电压等级配电网投资为 3149 亿元，同比增长 2.8%，占电网总投资的 62.8%，较上年上升 5.6 个百分点。

2019 年，输电网、配电网以及其他投资的结构为 30.3∶62.8∶6.9。由于新一轮农网改造升级、世界一流城市配电网建设、小康用电示范县等工程，配电网投资得以连续六年超过输电网。2013－2019 年中国电网投资规模如图 2-12 所示。

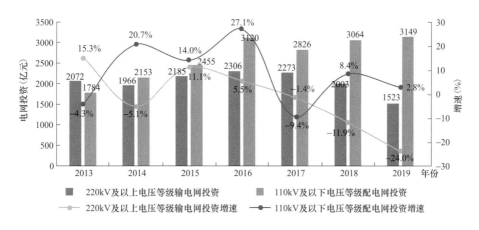

图 2-12　2013－2019 年中国电网投资规模

数据来源：中国电力企业联合会，中国电力行业年度发展报告 2020。

（三）电网工程造价水平

2019 年变电工程和线路工程单位造价均有不同程度上涨。

（1）变电工程造价水平。

受变电站设备、材料价格大幅增加的影响，各电压等级变电工程单位造价呈现不同程度上涨。2019 年，在建 1000、±800、750、500、330、220、110kV 变电工程单位容量造价分别为 370、592、148、159、269、262 万元/（kV·A）和 354 万元/（kV·A）（或万元/kW），同比分别增加 5.0%、3.3%、8.5%、8.2%、

89

6.2%、7.4%、6.3%，2018－2019 年中国在建变电工程单位容量造价及增速如图 2-13 所示。

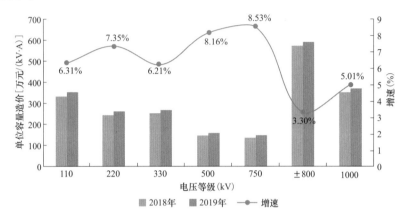

图 2-13　2018－2019 年中国在建变电工程单位容量造价及增速

数据来源：中国电力企业联合会，中国电力行业年度发展报告 2020。

（2）架空线路工程造价水平。

受材料价格上涨、征地难度上升的影响，各电压等级的架空线路工程单位长度造价整体呈上涨趋势。2019 年，在建 1000、±800、750、500、330、220、110kV 架空线路工程单位长度造价同比增加 4.0%、5.7%、9.7%、6.1%、9.6%、7.7%、9.0%，分别达到 708、495、299、264、131、120 万元/km 和 77 万元/km，2018－2019 年中国在建架空线路工程单位长度造价及增速如图 2-14 所示。

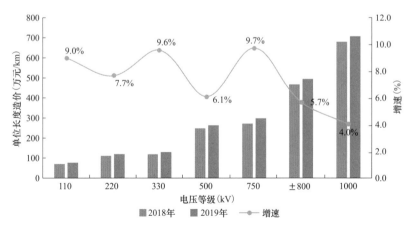

图 2-14　2018－2019 年中国在建架空线路工程单位长度造价及增速

数据来源：中国电力企业联合会，中国电力行业年度发展报告 2020。

2.2.2 电网规模

（一）总体情况

中国输电线路长度增长与电力需求增长相当。截至 2019 年底，中国 220kV 及以上电压等级输电线路回路长度达 75.5 万 km，同比增长 4.1%。与 2018 年相比，直流输电线路没有增加，交流线路增加 29 997km，其中 220kV 和 500kV 线路新增规模较大，分别为 18 302km 和 6709km，1000kV 和 750kV 增速较快，分别为 12.63% 和 8.06%。中国 220kV 及以上电压等级输电线路回路长度见表 2-1。

表 2-1 中国 220kV 及以上电压等级输电线路回路长度 km

电压等级（kV）	2018 年	2019 年	2019 年新增	2019 年增速
合计	724 788	754 785	29 997	4.14%
直流	41 721	41 721	—	—
±1100	608	608	—	—
±800	21 954	21 954	—	—
±660	2091	2091	—	—
±500	15 428	15 428	—	—
±400	1640	1640	—	—
交流	683 067	713 064	29 997	4.39%
1000	10 396	11 709	1313	12.63%
750	20 543	22 198	1655	8.06%
500	187 158	193 867	6709	3.58%
330	30 477	32 493	2016	6.61%
220	434 493	452 795	18 302	4.21%

数据来源：中国电力企业联合会，中国电力行业年度发展报告 2020。

中国变电设备容量与输电线路增长趋势协调。截至 2019 年底，中国 220kV 及以上电压等级变电设备容量达 42.6 亿 kV·A，同比增长 5.67%。±1100kV 和±400kV 直流设备容量有较大增幅，同比分别增长 200% 和 709%，其他电压等级变电（换流）容量增速相对平稳。中国 220kV 及以上电压等级变电（换流）容量见表 2-2。

表 2 - 2 　　　　　中国 220kV 及以上电压等级变电（换流）容量 　　　　万 kV·A

电压等级（kV）	2018 年	2019 年	2019 年新增	2019 年增速
合计	403 509	426 392	22 883	5.67％
直流	33 838	36 038	2200	6.50％
±1100	600	1800	1200	200.00％
±800	17 824	17 824	—	—
±660	1920	1920	—	—
±500	13 353	13 353	—	—
±400	141	1141	1000	709.22％
交流	369 671	390 354	20 683	5.59％
1000	14 700	16 200	1500	10.20％
750	16 820	17 780	960	5.71％
500	135 159	143 905	8746	6.47％
330	11 293	11 572	279	2.47％
220	191 699	200 897	9198	4.80％

数据来源：中国电力企业联合会，中国电力行业年度发展报告 2020。

　　全国单位电网投资增售电量保持小幅增长态势。2019 年，全国单位电网投资增售电量为 0.67kW·h/元，同比提升 1.5％，自 2015 年以来连续四年保持增加，但仍未达到 2013 年水平，2013－2019 年全国单位电网投资增售电量如图 2 - 15 所示。

　　全国单位电网投资增供负荷有所回落。2019 年，全国单位电网投资增供负荷为 1.19kW/万元，与 2018 年相比出现小幅下降，2014－2019 年全国单位电网投资增供负荷如图 2 - 16 所示。

　　（二）网荷协调性

　　中国电网发展基本满足用电负荷增长需求，网荷总体协调。2018－2019 年中国电网规模及增速情况如图 2 - 17 所示。2019 年，全国 35kV 及以上电压等级线路长度、变电（换流）容量分别同比增长 3.4％和 7.6％，售电量和最高用电负荷增速分别为 5.98％和 5.94％。

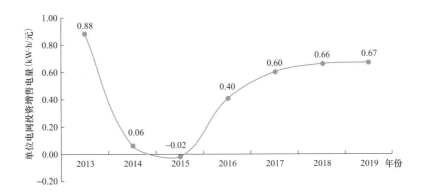

图 2 - 15　2013—2019 年全国单位电网投资增售电量

数据来源：中国电力企业联合会，2019 全国电力统计基本数据一览表。

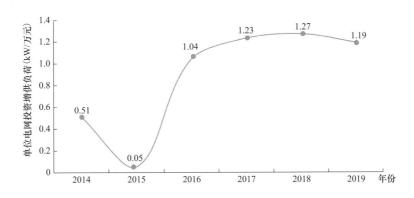

图 2 - 16　2014—2019 年全国单位电网投资增供负荷

数据来源：中国电力企业联合会，2019 全国电力统计基本数据一览表。

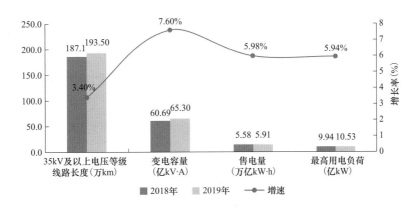

图 2 - 17　2018—2019 年中国电网规模及增速情况

（三）网源协调性

电源和电网增长基本同步，网源总体协调。2018—2019 年全国 220kV 及以上电压等级电网规模及增速情况如图 2-18 所示。2019 年全国 220kV 及以上电压等级电网线路长度增速为 4.1%，变电容量增速为 5.7%。发电量、发电装机容量增速分别为 4.7%、5.8%，发电、输电规模增长基本保持同步，新增规模对应的变电容量与装机容量比为 2.09，与规划导则要求的容载比相当。

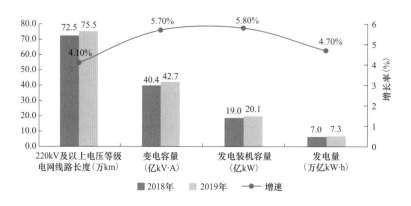

图 2-18　2018—2019 年全国 220kV 及以上电压等级电网规模及增速情况

数据来源：中国电力企业联合会，2019 年全国电力工业统计快报。

2.2.3　网架结构

除台湾地区外，中国电网基本实现了全国电网互联。除华北电网和华中电网采用交流互联实现同步联网，其余大区之间（华北—华东、华北—东北、华北—西北、华中—华东、华中—西北、西北—西南、西南—华东、华中—南方）均以直流异步互联，中国各区域或省级同步电网互联示意图如图 2-19 所示。

（一）特高压骨干网架形态

2019 年以来，中国投运了雄安—石家庄、苏通 GIL 综合管廊工程、潍坊—石家庄、驻马店—南阳、张北—雄安、蒙西—晋中等 6 个特高压交流工程和准东—皖南、昆北—龙门等 2 个特高压直流工程。我国已投运特高压工程（截至 2020 年 9 月底）见表 2-3。

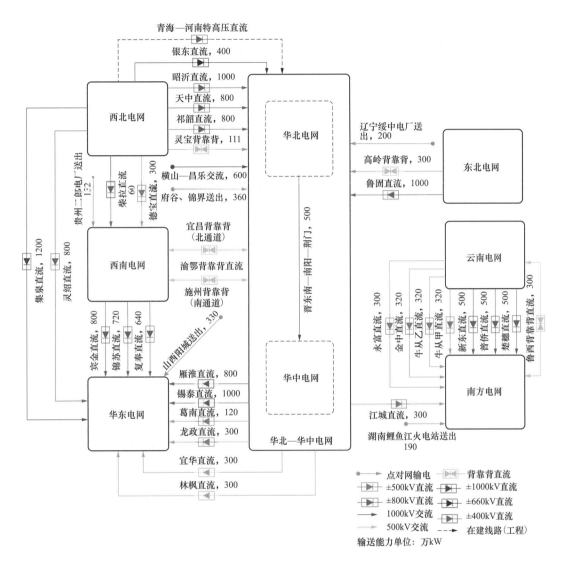

图 2-19 中国各区域或省级同步电网互联示意图[❶]

表 2-3　　　　　我国已投运特高压工程（截至 2020 年 9 月底）

类型	序号	电压等级（kV）	工程起落点	开工日期	投运日期
交流	1	1000	晋东南—荆门	2006 年 8 月	2009 年 1 月
	2	1000	淮南—浙北—上海	2011 年 10 月	2013 年 9 月
	3	1000	浙北—福州	2013 年 4 月	2014 年 12 月

❶　蒙西电网与华北电网统一调度，在图中未区分体现。

续表

类型	序号	电压等级（kV）	工程起落点	开工日期	投运日期
交流	4	1000	锡盟－山东	2014 年 11 月	2016 年 7 月
	5	1000	淮南－南京－上海	2014 年 7 月	2016 年 11 月
	6	1000	蒙西－天津南	2015 年 3 月	2016 年 11 月
	7	1000	锡盟－胜利	2016 年 4 月	2017 年 7 月
	8	1000	榆横－潍坊	2015 年 5 月	2017 年 8 月
	9	1000	雄安－石家庄	2018 年 3 月	2019 年 6 月
	10	1000	苏通 GIL 综合管廊工程*	2014 年 7 月	2019 年 9 月
	11	1000	潍坊－石家庄	2018 年 5 月	2019 年 12 月
	12	1000	驻马店－南阳	2019 年 3 月	2020 年 7 月
	13	1000	张北－雄安	2019 年 4 月	2020 年 8 月
	14	1000	蒙西－晋中	2018 年 11 月	2020 年 9 月
直流	1	±800	云南－广州	2006 年 12 月	2010 年 6 月
	2	±800	复龙－奉贤	2008 年 12 月	2010 年 7 月
	3	±800	锦屏－苏南	2009 年 12 月	2012 年 12 月
	4	±800	普洱－江门	2011 年 12 月	2013 年 9 月
	5	±800	天山－中州	2012 年 5 月	2014 年 1 月
	6	±800	宜宾－金华	2012 年 7 月	2014 年 7 月
	7	±800	宁东－绍兴	2014 年 11 月	2016 年 8 月
	8	±800	酒泉－湖南	2015 年 6 月	2017 年 6 月
	9	±800	晋北－南京	2015 年 6 月	2017 年 6 月
	10	±800	锡盟－泰州	2015 年 12 月	2017 年 10 月
	11	±800	扎鲁特－青州	2016 年 8 月	2017 年 12 月
	12	±800	上海庙－临沂	2015 年 12 月	2017 年 12 月
	13	±800	滇西北－广东	2016 年 4 月	2018 年 5 月
	14	±1100	准东－皖南	2016 年 6 月	2019 年 9 月
	15	±800	昆北－龙门	2018 年 5 月	2020 年 5 月

* 苏通 GIL 综合管廊工程是淮南－南京－上海工程的组成部分。

截至 2020 年 9 月底，中国在运特高压线路达到"十三交十五直"。其中，国家电网公司经营区域内有"十三交十一直"，南方电网公司经营区域内有"四直"。

特高压直流通道：起点于北部地区的"七纵"特高压直流，起点于西南地区的"八横"特高压直流，落点于中东部地区，构成"七纵八横"共十五条特高压直流输电通道。

特高压交流电网：华北电网形成"两横三纵一环网"1000kV区域交流主网架；华东电网围绕长三角地区形成1000kV交流环网，并向南延伸至福建；华北一华中通过1000kV晋东南一荆门线路互联。

（二）区域电网网架形态

（1）华北电网。

至2020年底，从电网规模看，华北电网拥有1000kV特高压变电站17座，变电容量10 460万kV·A，线路总长度11 240km；±800kV直流4回、总容量3800万kW；±660kV直流1回、装机容量400万kW；与东北电网之间还有±500kV背靠背直流1回、容量300万kW。500kV交流电网层面，共有变电站156座，变电容量3.07亿kV·A，"十三五"新增变电站35座，新增变电容量8119万kV·A，年平均增速6.3%；输电线路长度33 571km，"十三五"新增10 222km，年平均增速7.5%。

从电网结构看，华北电网区外联络为"一交六直"格局，分别通过交流特高压1000kV长治一南阳一荆门线路与华中电网联络，通过高岭站背靠背直流、鲁固直流与东北电网联络，通过昭沂直流、银东直流与西北电网联络，通过雁淮直流、锡泰直流与华东电网联络。华北电网1000kV交流主网架形成"两横三纵一环网"格局，承担华北电网西电东送、北电南送任务。500kV主网架仍维持"八横三纵"格局不变。省级电网主网架结构形成主干环网或网格状形态，在消纳跨省区来电、支撑省内大型电源接入和外送、向重要负荷中心供电等方面发挥重要作用。

（2）东北电网。

至2020年底，从电网规模看，东北电网拥有±800kV特高压直流1回，总容量1000万kW；与华北电网之间有一回±500kV直流背靠背，容量300万kW。500kV交流电网层面，共有变电站74座，变电容量4.3亿kV·A，"十三五"

新增变电站 19 座，新增变电容量 1.22 亿 kV·A，年平均增速 4.6%；输电线路长度 2.7 万 km，"十三五"新增 9174km，年平均增速 8.6%。

从电网结构看，东北电网以 500kV 线路为骨干输电网架，以 220kV 线路为供电主体，由多个电压等级组成。东北电网 500kV 主网架已经覆盖东北地区的绝大部分电源基地和负荷中心；与吉林、黑龙江省间 500kV 联络线均达到 4 回；蒙东通过 1 回 ±500kV 直流线路和 6 回 500kV 交流线路向辽宁送电。东北电网通过黑河直流背靠背工程与俄罗斯电网相连；通过鲁固特高压直流和高岭直流背靠背工程与华北电网相连。

（3）华东电网。

至 2020 年底，从电网规模看，华东电网拥有 1000kV 变电站 10 座，变电容量 6600 万 kV·A，线路总长度 3600km。区外直流馈入 11 回，总容量 6980 万 kW，其中特高压直流 7 回，总容量 5960 万 kW，±500kV 直流 4 回，总容量 1020 万 kW，馈入直流数量和输电规模均居全国第一。500kV 交流电网层面，华东电网共有变电站 201 座，变电容量 4.3 亿 kV·A，"十三五"新增变电站 61 座，新增变电容量 1.6 亿 kV·A，年平均增速 9.4%；输电线路长度 3.8 万 km，"十三五"新增线路长度 7909km，年平均增速 4.8%。

从电网结构看，华东电网围绕长三角地区形成特高压交流环网，并通过浙北—福州工程延伸至福建，通过 11 回直流与华中、华北、西北、西南四大区域电网相联。华东电网省间通过 1000kV 和 500kV 电网互联。1000kV 交流电网层面，通过特高压网架实现苏沪、沪浙、浙皖、皖苏、浙闽分别相联。500kV 交流电网层面，沪苏断面通过太仓—徐行双回、苏州—黄渡双回相联；沪浙断面通过三林—汾湖双回相联；苏浙断面通过武南—瓶窑双回相联；浙福断面通过金华—宁德双回相联；浙皖断面通过河沥—富阳双回、广德—瓶窑单回相联；皖苏断面通过芜湖三—廻峰山双回、当涂—溧阳双回相联。

（4）华中电网。

至 2020 年底，从电网规模看，华中电网共有 1000kV 变电站 3 座，变电容量 1800 万 kV·A；交流 1000kV 输电线路 4 条、长度 1020.6km。区外直流馈入 3 回（不含跨区直流背靠背工程），总容量 2400 万 kW；跨区外送直流 5 回，总容量 1320 万 kW。500kV 交流电网层面，华中电网共有变电站 129 座，变电容量 2.1 亿 kV·A；"十三五"新增变电站 28 座，新增变电容量 0.7 亿 kV·A，年平均增速 8.0%；输电线路长度 3.2 万 km，"十三五"新增线路长度 0.44 万 km，年平均增速 3.1%。

从电网结构看，华中电网是以湖北电网为中心，向湖南、河南、江西延伸的辐射形电网，与全国除东北电网外的所有电网均有直接联络，是枢纽型电网。华中电网省间通过 1 回 1000kV 和 10 回 500kV 线路相互联系，鄂豫断面通过卧龙－奚贤双回、孝感－浉河双回、荆门－南阳特高压共 4 回 500kV 线路和 1 回 1000kV 线路相联；鄂湘断面通过葛换－岗市、屏陵－澧州共 3 回 500kV 线路相联；鄂赣断面通过咸宁－梦山、磁湖－永修共 3 回 500kV 线路相联。

（5）西南电网。

截至 2020 年底，从电网规模看，西南电网拥有直流线路共计 5 回，额定输电容量达到 2520 万 kW，其中 ±800kV 特高压直流 3 回，容量 2160 万 kW；±500kV 直流 1 回，容量 300 万 kW；±400kV 直流 1 回，容量 60 万 kW。500kV 交流电网层面，西南电网共有变电站 74 座、变电容量 13 041 万 kV·A；"十三五"新增变电站 22 座，变电容量 4595 万 kV·A，年均增速 9.1%；500kV 输电线路长度 24 451km，"十三五"新增 8224km，年平均增速 8.5%。

从电网结构看，2019 年渝鄂背靠背工程投运后，西南电网与华中电网形成异步运行，西南电网格局得到优化，降低了长链式电网结构性安全风险，川西水电外送各通道能力得到释放。西南电网通过"五横两纵"跨区直流与华东、华中、西北电网互联，即通过 ±800kV 复奉直流、锦苏直流、宾金直流与华东电网相联，通过 ±500kV 德宝直流和 ±400kV 青藏直流与西北电网相联，通过 ±420kV 宜昌和施州柔性直流背靠背工程与华中电网相联。西南电网内，川渝电网通过 500kV 洪板双回、黄万双回、资铜双回共 6 回线路互联，川藏电网通过川藏联网工程 500kV 双回线路互联。

（6）西北电网。

截至 2020 年底，从电网规模看，西北电网送出直流共计 10 回，额定输电容量达到 6271 万 kW，其中 ±1100kV 和 ±800kV 特高压直流各 1 回，总容量 5400 万 kW；±660、±500kV 和 ±400kV 常规直流各 1 回，总容量 760 万 kW；直流背靠背 1 回，容量 111 万 kW。750kV 交流电网层面，西北电网拥有变电站 62 座，变电容量 2 亿 kV·A；"十三五"新增变电站 40 座，新增变电容量 1.3 亿 kV·A，年平均增速 22.6%；750kV 线路总长度 2.6 万 km，"十三五"新增 0.9 万 km，年平均增速 11.7%。

从电网结构看，西北电网形成以甘肃为中心、覆盖五省（区）的 750kV 坚强主网架，形成负荷中心多环网供电、电源基地紧密相联、省际之间多回互联的主网架结构。新疆通过 4 回 750kV 线路与甘肃相联，通过 2 回 750kV 线路与青海相联；甘肃通过 6 回 750kV 线路与青海相联，通过 4 回 750kV 线路与宁夏相联，通过 4 回 750kV 线路与陕西相联。

（三）跨境互联电网形态

中国已与俄罗斯、蒙古、吉尔吉斯斯坦、朝鲜、缅甸、越南、老挝等七个国家实现了电力互联及电量交易。

截至 2019 年底，缅甸通过 1 回 500kV 线路、2 回 220kV 线路、1 回 110kV 线路向中国供电；中国通过 3 回 220kV 线路、3 回 110kV 线路向越南供电；中国通过 1 回 115kV 线路向老挝供电；中国通过 1 回 500kV 线路及 1 回背靠背、2 回 220kV 线路、2 回 110kV 线路与俄罗斯电网互联；中蒙跨境线路包含 2 回 220kV 线路、3 回 35kV 线路。

2.2.4 配网发展

（一）配电网投资力度不断加大，配电网规模大幅提升

"十三五"以来，各电网公司持续加大配电网投入力度，配网投资比重不

断提升。2019 年，全国 110kV 及以下配电网投资为 3149 亿元，同比增长 2.8%，占电网总投资的 62.8%，较 2015 年上升 9.9 个百分点。以国家电网公司为例，预计"十三五"期间配电网基建投资将达到 12 093 亿元，约占电网基建投资的 58.7%。2019 年底，110kV 变电容量、线路长度分别是 2015 年的 1.37 倍和 1.64 倍，35kV 变电容量、线路长度分别是 2015 年的 1.23 倍和 1.38 倍，10kV 配变容量、线路长度分别是 2015 年的 1.65 倍和 1.31 倍。

（二）供电能力不断加强，供电质量稳步上升

2019 年农网户均配变容量提高到 2.76kV·A，供电能力总体充裕，110（66）、35kV 变电容载比分别为 1.98、1.91。经过"十三五"建设，各省 110（66）kV 变电容载比趋于合理，除上海、辽宁、黑龙江、蒙东、甘肃、青海、西藏外，其他各省（区、市）均为 1.8～2.2。供电质量逐步提升，至 2019 年底，我国城网、农网供电可靠率分别达到 99.949% 和 99.806%。随着电网网架持续改善和设备设施的不断升级，用户停电时间采集更加准确、电网抵抗自然灾害能力更加强大，故障停电时间有效降低。2019 年，国家电网公司经营区域内北京、上海等地城网户均停电时间相对较少，分别为 0.806、0.508h。

（三）坚持目标网架引领，电网结构日趋合理

高压配电网方面，城网以 110（66）kV 和 35kV 链式、环网、辐射式结构为主，占比由 2015 年的 94.15% 提升至 2019 年的 95.94%，主变压器、线路 N-1 通过率全面提升，较 2015 年提升 5 个百分点以上；农网 110（66）、35kV 电网辐射式结构比例由 2015 年的 42.81% 降低至 2019 年的 38.7%，主变压器、线路 N-1 通过率较 2015 年提升 4 个百分点以上。

中压配电网方面，城网 10kV 架空网以多分段适度联络为主、电缆网以单环网为主，10kV 主干线路联络率由 2015 年的 83.98% 提高至 2019 年的 92.60%，线路 N-1 通过率由 76.89% 提高至 86.03%；农网 10kV 线路以辐射式架空网为主，联络率由 2015 年的 43.58% 提高至 2019 年的 63.48%，线路 N-1 通过率由 37.41% 提高至 55.74%。

（四）分布式电源占比进一步提高，促进源网荷协调发展

分布式电源装机规模快速增长，以国家电网公司经营区域为例，到 2019 年底，分布式电源装机容量达到 12 668 万 kW，较 2015 年增加 9279 万 kW。分布式电源占配网接入电源额定容量比重持续攀升，分布式电源渗透率由 2015 年的 1.70% 上升至 2019 年的 4.70%，增加 3 个百分点，清洁能源占比持续提升，支撑电网绿色、协调发展。

（五）完成新一轮农网升级，全面推进"三区三州"、抵边村寨农网改造升级

国家电网公司和南方电网公司扎实推进新一轮农网升级，"三区三州"、抵边村寨农网改造升级等重大工程。2019 年底，提前达成新一轮农网改造升级工程预定目标，完成 160 万口农村机井通电，涉及农田 1.5 亿亩；为 3.3 万个自然村通上动力电，惠及农村居民 800 万人。2020 年上半年，提前完成了"三区三州"、抵边村寨农网改造升级攻坚三年行动计划，显著改善了深度贫困地区 210 多个国家级贫困县、1900 多万群众的基本生产生活用电条件。我国农村平均停电时间从 2015 年的 50h 降低到目前的 15h 左右，综合电压合格率从 94.96% 提升到 99.7%，户均配电容量从 1.67kV·A 提高到 2.7kV·A。

2.2.5 运行交易

（一）电网运行

清洁能源消纳水平稳步提升。2019 年，全国清洁能源消纳整体形势持续向好，弃电量、弃电率实现"双降"。全国主要流域弃水电量约 300 亿 kW·h，水能利用率 96%，同比提高 4 个百分点。全国弃风电量约 169 亿 kW·h，平均弃风率 4%，同比下降 3 个百分点。全国弃光电量约 46 亿 kW·h，平均弃光率 2%，同比下降 1 个百分点。

（二）市场交易

市场交易规模持续攀升。2019 年中国市场化交易电量 28 344 亿 kW·h，同比增

长 23.2%，占全社会用电量的 39.2%，比上年提高了 9.3 个百分点，市场交易电量占电网企业销售电量比重为 48%。其中省内市场交易电量 23 016.5 亿 kW·h，占全国市场交易电量的 81.2%，省间（含跨区）市场交易电量合计 5327.5 亿 kW·h，占全国市场 18.8%。

2019 年，国家电网公司经营区市场交易电量 21 690.7 亿 kW·h，占全国市场交易电量的 76.5%；南方电网公司经营区市场交易电量 5019.1 亿 kW·h，占 17.7%；蒙西电网区域市场交易电量 1634.2 亿 kW·h，占 5.8%。

（三）电量交换

（1）跨区域电量交换。

截至 2019 年底，全国跨区输电能力达到 14 815 万 kW。其中，跨区网对网输电能力 13 481 万 kW；跨区点对网送电能力 1334 万 kW。受电力消费需求较快增长、西部新能源东送规模增加等因素影响，2019 年全国跨区送电完成 5404 亿 kW·h，比上年增长 12.2%，增速比上年回落 0.5 个百分点。2019 年全国部分跨区域电量交换情况见表 2-4。

表 2-4　　　　　　　　2019 年全国部分跨区域电量交换情况

送端	送出电量（亿 kW·h）	同比增速
华北	629	28.9%
东北	453	28.3%
华中	609	−0.5%
西北	1906	26.0%
西南	1008	−0.2%
南方	516	6.6%

数据来源：中国电力企业联合会，中国电力行业年度发展报告 2020。

（2）跨省电量交换。

2019 年，全国跨省电量交换（送出电量）规模达 14 441 亿 kW·h，同比增长 11.4%，增速比上年降低 3.2 个百分点，占全社会用电量的 20%。2019 年全国跨省电量交换情况见表 2-5。

表 2 - 5　　　　　　　　2019 年全国跨省电量交换情况

区域	送出电量（亿 kW·h）	同比增速
河北	451	11.4%
山西	936	− 1.3%
内蒙古	1725	16.0%
辽宁	302	0.0%
吉林	190	− 1.0%
浙江	195	3.2%
安徽	730	13.0%
湖北	420	− 8.5%
四川	1329	0.8%
贵州	553	12.2%
云南	1197	13.8%
陕西	202	− 11.8%
宁夏	726	6.0%
新疆	415	27.7%
甘肃	656	25.7%

数据来源：中国电力企业联合会，中国电力行业年度发展报告 2020。

（3）进出口电量。

2019 年，内地与港澳地区合计完成电量交换 177 亿 kW·h，同比下降 0.6%。其中，向香港地区送出电量 127 亿 kW·h，下降 1.4%，占香港用电量的 28.3%；向澳门地区送出电量 50 亿 kW·h，增长 1.3%，占澳门用电量的 86.3%。

2019 年，中国与邻国合计完成电量交换 86 亿 kW·h。中国购入电量 45 亿 kW·h，同比下降 12.8%，其中从俄罗斯进口电量 31 亿 kW·h，从缅甸进口电量 14 亿 kW·h。中国送出电量 41 亿 kW·h，同比增长 23.3%，其中向蒙古出口电量 13 亿 kW·h，向越南出口电量 22 亿 kW·h，向朝鲜、老挝等国出口电量 6 亿 kW·h。

2.3   电网发展年度特点

2.3.1   电网助力脱贫攻坚

2019 年，光伏扶贫电站建设有序开展，"十三五"第二批光伏扶贫项目审核下达。电网公司将光伏扶贫作为助力脱贫攻坚的重要抓手，全力以赴担起电站并网重任，做好光伏电站服务，为贫困群众提供稳定、可持续的脱贫资金保障。全国累计建成 2636 万 kW 光伏扶贫电站，惠及近 6 万个贫困村，418 万贫困户每年通过光伏扶贫项目可获得发电收益约 180 亿元。

2019 年，贫困地区重大能源项目建设再进一程。核准云贵互联通道工程，开工建设青海、四川等贫困地区清洁电力外送通道，核准开工金沙江拉哇水电站、贫困地区煤炭建设项目。公布 2019 年第一批平价上网风电项目，对于贫困地区报送的各项建设条件落实的风电项目全部予以支持。

通过一系列行动计划，提升"三区三州"深度贫困地区及其他地区贫困县配电网供电能力，实现动力电全面覆盖，低电压问题基本消除，为脱贫攻坚提供坚强电力保障，助力全国全面建成小康社会。

2.3.2   电网优化能源配置

全国各大区域电网进一步增强区内网架结构，实现了资源的进一步优化配置。2019 年，新增投产特高压直流输电线路 1 条，长度 3324km，换流容量为 1200 万 kW；投产特高压交流输电线路 3 条，长度 2108km，变电容量为 1500 万 kV·A。华北地区 1000kV 交流主网架形成"两横三纵一环网"格局，新建多条 500kV 线路，加强了"八横三纵"500kV 主网架格局。华东地区持续优化电网网架结构，满足负荷增长需求。华中地区在河南、湖北、湖南多地新建 500kV 输变电工程，改善区域电网结构，提升电网供电可靠性。东北地区立足能源外送需求，改善蒙东、吉林、辽宁等地网架结构，提升能源资源配置和区域能源安全的保障能力。西南地区促进西藏水、风、光清洁能源开发，实施藏电外送。西北地区完善青海、陕西网架结构，满足清洁能源等电力送出需要。南方地区继续优化"西电东送"输电通道，缓解东部用电压力，大幅增强广西电网南北断面输送能力和电网调峰能力，缓解贵州电网中部横向送电通道的供电压力、加强黔北电源送出通道。

2.3.3 电网促进能源转型

2019 年，可再生能源并网装机容量达到 7.7 亿 kW，占全部发电装机容量的 38.4%，较上年提升了 1 个百分点；可再生能源发电量达到 1.93 万亿 kW·h，占全部发电量的 26.4%，较上年提升了 1 个百分点；全国平均弃水率、弃风率和弃光率分别较上年降低了 4、3 和 1 个百分点。

2019 年，电能替代得到持续推进，全年累计完成替代电量 2066 亿 kW·h，同比增长 32.6%，相当于减少燃煤 8344 万 t，减少二氧化碳排放 2.06 亿 t，减少二氧化硫、氮氧化物以及粉尘排放 772.8 万 t，电能替代成效显著。

2.4 小结

2019 年，中国国民经济运行继续保持了总体平稳、稳中有进的发展态势，质量效益稳步提升。我国能源消费总量保持增长，单位 GDP 能耗不断下降，电能占终端能源消费比重持续提高。国家出台多项政策进一步推进电力体制改革，优化能源供给结构，并通过降低企业用电成本、优化电力营商环境、推动贫困地区能源建设等手段促进国民经济发展。

电网投资方面，2019 年全国电网投资同比下降 6.7%，其中输电网投资规模下降 24%，配电网投资小幅增长 2.8%，输、配电网以及其他投资比例为 30.3：62.8：6.9。由于材料、设备价格增加，各电压等级线路工程和变电工程单位造价均有不同程度上涨。

电网规模方面，全国电网发展速度与电源、负荷增长保持协调。截至 2019 年底，220kV 及以上电压等级线路长度达到 75.5 万 km，同比增长 4.1%，增速与电源增速（5.8%）、售电量增速（5.98%）相匹配。220kV 及以上电压等级变电设备容量达到 42.6 亿 kV·A。

网架结构方面，全国特高压骨干网架进一步加强，2019 年以来新增投运交流特高压线路 6 条，直流特高压线路 2 条。截至 2020 年 9 月底，全国在运特高压线路达到"十三交十五直"。华北—华中、华东、东北、西北、西南、南方、云南 7 个区域或省级同步电网网架结构不断优化，在满足负荷增长要求，资源优化配置方面保驾护航。

配网发展方面，投资力度进一步加大，2019 年全国配电网投资占电网总投资的 62.8%，较上年上升 5.6 个百分点。配电网结构持续优化，城、农网供电可靠性、供电质量进一步提升。通过新一轮农网升级，"三区三州"、抵边村寨农网改造等项目，加快城乡电网一体化、供电服务均等化，为脱贫攻坚提供电力保障，助力全国如期全面建成小康社会。

运行交易方面，电网大范围优化配置资源的能力进一步提升，市场交易电量持续增长，清洁能源消纳水平得到提高。截至 2019 年底，全国跨区输电能力达到 14 815 万 kW，西南、西北和华中合计送出电量占全国跨区送电量的 69.9%。2019 年，全国电力市场交易电量为 2.83 万亿 kW·h，同比增长 23.2%，市场在配置资源中的主导作用日益增强。全国清洁能源消纳整体形势持续向好，弃电量、弃电率实现"双降"。

3

国内外电网发展对比与趋势分析

本章建立了国内外电网发展水平对比指标体系，从电网规模与速度、电网安全与质量、电网发展协调性、电网发展清洁性、电网服务能力、电网智能化水平 6 个维度，以中国、北美、欧洲、日本、印度、巴西、非洲、俄罗斯、澳大利亚电网为评价对象，对比分析国内外典型地区和国家电网发展情况、转型趋势和发展重点。

3.1 指标体系

电网发展水平对比指标体系分为两级，一级指标涵盖电网规模与速度、电网安全与质量、电网发展协调性、电网发展清洁性、电网服务能力、电网智能化水平 6 个维度，二级指标包括 18 个可量化的指标，国内外电网发展水平对比指标体系如图 3-1 所示。限于数据来源，本章中电网智能化水平维度不设立定量分析指标。

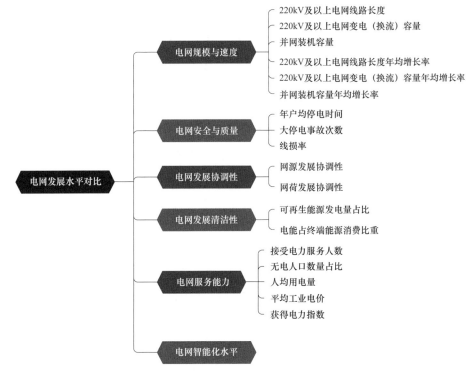

图 3-1 国内外电网发展水平对比指标体系

（1）电网规模与速度。

电网规模与速度体现电网的现状和近年来的规模增长速度，其中电网的现状采用 220kV 及以上电网线路长度、220kV 及以上电网变电（换流）容量、并网装机容量表示；电网发展速度采用以上三个指标 5 年来的平均增长率表示。

（2）电网安全与质量。

电网安全与质量体现电网安全可靠性和输送效率，其中电网安全可靠性采用年户均停电时间、大停电事故次数表示；电网输送效率采用线损率表示。

（3）电网发展协调性。

电网发展协调性体现电网发展与电源、负荷发展的匹配程度，分别采用网源发展协调性和网荷发展协调性表示。

（4）电网发展清洁性。

电网发展清洁性体现电网供应端和消费端的非化石能源利用水平，也就是清洁化水平，其中电网供应端清洁化水平采用可再生能源发电量占比表示，消费端清洁化水平采用电能占终端能源消费比重表示。

（5）电网服务能力。

电网服务能力体现电网用户的数量、实际用电量、服务水平，其中电网用户的数量采用国家或地区接受电力服务人数、无电人口数量占比两个指标表示；实际用电量采用人均用电量表示；服务水平采用获得电力指数和平均工业电价表示。

（6）电网智能化水平。

电网智能化水平体现电网采用智能化、信息化等先进技术的水平，原则上应反映电网在输电、变电、配电、用电、调度各环节的综合智能化水平，包括协同巡检、配电自动化、智能电表、班组移动作业、调控智能化等覆盖水平。

国内外电网发展水平对比指标定义见表 3-1。

表 3-1　　　　　　　　国内外电网发展水平对比指标定义

一级指标	二级指标	单位	指 标 定 义
电网规模与速度	220kV 及以上电网线路长度	km	截至 2019 年底 220kV 及以上电网线路长度
	220kV 及以上电网变电（换流）容量	万 kV·A	截至 2019 年底 220kV 及以上电网变电和换流容量
	并网装机容量	万 kW	截至 2019 年底接入电网装机容量
	220kV 及以上电网线路长度年均增长率	％	2015—2019 年 220kV 及以上电网线路长度平均增长率
	220kV 及以上电网变电（换流）容量年均增长率	％	2015—2019 年 220kV 及以上电网变电和换流容量平均增长率
	并网装机容量年均增长率	％	2015—2019 年接入电网装机容量平均增长率
电网安全与质量	年户均停电时间	h	2019 年户均停电时间
	大停电事故次数	次	前十年发生造成较大影响的大停电事故次数
	线损率	％	2019 年线损率
电网发展协调性	网源发展协调性		220kV 及以上电网线路长度平均增长率/装机容量平均增长率
	网荷发展协调性		220kV 及以上电网线路长度平均增长率/负荷平均增长率
电网发展清洁性	可再生能源发电量占比	％	2019 年可再生能源发电量和总发电量的比值
	电能占终端能源消费比重	％	2019 年电能消费量和终端能源消费总量的比值
电网服务能力	接受电力服务人数	亿人	2019 年电网供电用户的数量
	无电人口数量占比	％	2019 年国家/地区无电人口占总人口的百分比
	人均用电量	kW·h	2019 年人均用电量
	获得电力指数		世行《2019 营商环境报告》获得电力指数排名
	平均工业电价	美元/（MW·h）	2019 年平均工业电价

3.2　对比分析

　　对比分析中国、北美、欧洲、日本、印度、巴西、非洲、俄罗斯、澳大利亚电网的发展情况与特点，2019 年国内外电网发展水平指标对比见表 3-2。

表 3-2　2019 年国内外电网发展水平指标对比

一级指标	二级指标	单位	中国	北美	欧洲	日本	印度	巴西	非洲	俄罗斯	澳大利亚
电网规模与速度	220kV 及以上电网线路长度	km	754 785	364 392	315 682*	37 101	461 568	154 419	146 058	149 100	31 232
	220kV 及以上电网变电（换流）容量	万 kV·A	426 392	120 528	190 493*	44 264	97 426	32 450	33 590	36 350	11 797
	并网装机容量	万 kW	201 066	139 300	120 730	35 400	37 005	17 200	17 253	27 500	7588
	220kV 及以上电网线路长度年均增长率	%	5.50	0.74	1.55*	0.14	8.05	4.21	5.84	1.44	0.83
	220kV 及以上电网变电（换流）容量年均增长率	%	5.47	1.6	2.59*	0.63	10.32	4.48	4.44	1.82	2.98
	并网装机容量年均增长率	%	7.84	1.18	3.36	2.35	6.69	5	5.28	1.50	2.55
电网发展协调性	网源发展协调性		0.70	1.36	0.77	0.27	1.54	0.90	0.84	1.21	1.17
	网荷发展协调性		0.81	1.06	1.05	3.15	2.34	4.07	—	—	0.89
电网安全与质量	年户均停电时间	h	13.7	4.9	0.6	3.75	90.0*	12.8*	—	0.3	1.4*
	大停电事故次数	次	1（台湾省）	18	9	3	2	6	—	3	7
	线损率	%	5.90	6.57	8.71	4.18	17.88	17.60	19.25	13.05	5.70
电网发展清洁性	可再生能源发电量占比	%	26.4	24.8	34.7	18.8	8.7	80.3	18.2	16.5	18.2
	电能占终端能源消费比重	%	26.1	20.9	18.8	29.1	17.3	19.7	9.6	17.9	21.8
电网服务能力	接受电力服务人数	亿人	14	3.61	4.45	1.27	12.58	2.09	5.77	1.46	0.25
	无电人口数量占比	%	0	0	0	0	5	0	53	0	0
	人均用电量	kW·h	5164	11 648	6405	7795	970	2559	552	5346	9873
	获得电力指数		95.4	82.2	75.6	93.2	89.4	72.8	50.4	97.5	82.3
	平均工业电价	美元/(MW·h)	87.0	97.4	111.9	139.8	103.7	168.2	52.8	42.5	268.2

注　＊—2018 年数据。

(一) 电网规模与速度

电网规模与速度方面，中国基本居于世界首位。 从发展规模看，中国220kV及以上电网线路长度、220kV及以上电网变电（换流）容量、并网装机容量均位于首位；欧洲、北美处于第一梯队，电网规模约为中国的一半；非洲、巴西、俄罗斯、澳大利亚、日本处于第二梯队，电网规模不足中国的1/4；印度在线路长度和变电容量规模方面处于第一梯队，并网装机容量相对较小。

从发展速度看， 中国、印度、非洲、巴西电源电网增速均处于第一梯队，年均增速超过4%；印度的电网规模增速高于中国，位于首位；北美、欧洲、俄罗斯、澳大利亚、日本电网发展相对成熟、用电需求相对饱和，电源电网增速均处于第二梯队；电网规模增速最低的是日本，不足1%，电源规模增速最低的是北美。各国家和地区220kV及以上电网线路长度及年均增长率、220kV及以上电网变电（换流）容量及年均增长率、并网装机容量及年均增长率分别如图3-2~图3-4所示。

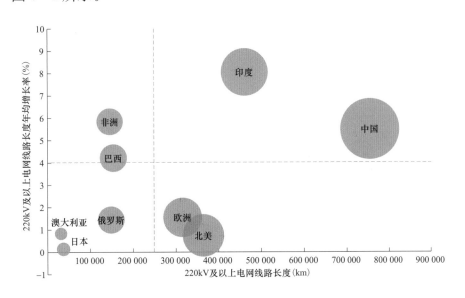

图3-2 各国家和地区220kV及以上电网线路长度及年均增长率

(二) 电网安全与质量

电网安全与质量方面，中国处于中上水平。 从年户均停电时间看，中国为

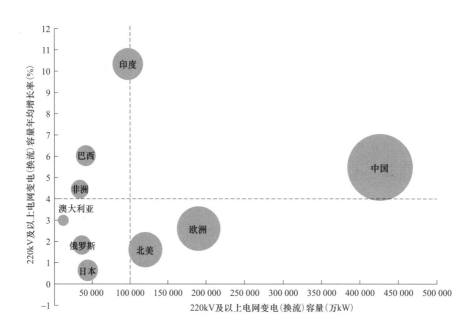

图 3-3　各国家和地区 220kV 及以上电网变电（换流）容量及年均增长率

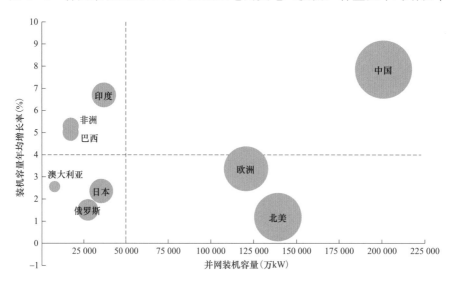

图 3-4　各国家和地区并网装机容量及年均增长率

13.7h，低于印度等发展中国家，但与发达国家还有明显差距。从大停电事故次数看，中国具有国际领先的电网安全运行水平，除台湾地区外的大陆地区近 10 年未发生大停电事故，美洲为大停电事故高发区。从线损率看，中国略高于日本和澳大利亚，优于北美和欧洲。各国家和地区年户均停电时间和线损率如图 3-5 所示。

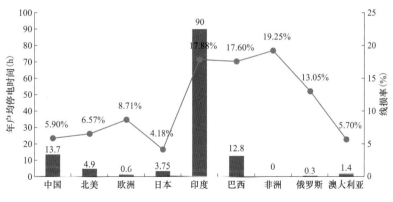

图 3-5　各国家和地区年户均停电时间和线损率

注：0 为相关数据未获得。

（三）电网发展协调性

电网发展协调性方面，中国源网荷发展较为均衡。从网源发展协调性看，印度指标大于 1.5，电网发展速度高于电源发展速度，日本指标仅为 0.27，电网发展速度滞后电源发展速度，其他国家（地区）网源发展具有较好均衡性。**从网荷发展协调性看，**巴西、日本、印度电网超前负荷发展，中国、澳大利亚电网发展速度略滞后于负荷增长速度，北美、欧洲电网发展速度与负荷增速相当。日本网源发展协调性和网荷发展协调性呈明显逆向趋势，主要源于负荷发展缓慢而可再生能源发展迅速。各国家和地区网源发展协调性及网荷发展协调性如图 3-6 所示。

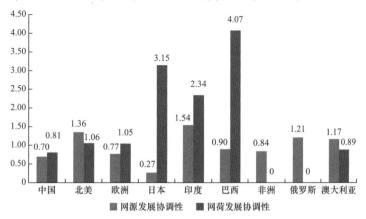

图 3-6　各国家和地区网源发展协调性及网荷发展协调性

注：0 为相关数据未获得。

（四）电网发展清洁性

电网发展清洁性方面，中国处于中上游水平。从可再生能源发电量占比看，巴西、欧洲、中国、北美均超过 20%，巴西发电侧清洁化水平最高，超过 80%，中国处于第 3 位，为 26.4%。**从电能占终端能源消费比重看**，日本、中国、北美、澳大利亚均超过 20%，日本占比最高，超过 29%，中国位居第 2 位，为 26.1%。各国家和地区可再生能源发电量占比和电能占终端能源消费比重如图 3-7 所示。

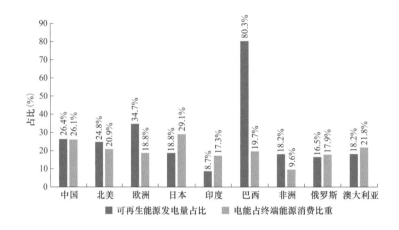

图 3-7　各国家和地区可再生能源发电量占比和电能占终端能源消费比重

（五）电网服务能力

电网服务能力方面，中国处于较先进水平。从接受电力服务人数看，中国位于首位，其次为印度。**从人均用电量看**，澳大利亚、北美、日本、欧洲、俄罗斯、中国的人均用电量均超过 5000kW•h，其中，北美最高达到 11 648kW•h；日本也处于较先进水平，超过 7000kW•h；中国与俄罗斯接近，约为 5000kW•h，还有较大提升空间。各国家和地区接受电力服务人数及人均用电量如图 3-8 所示。**从获得电力指数看**，俄罗斯、中国、日本位于前三，均超过 90，中国在《2019 年营商环境报告》的获得电力指数全球排名中位列第 14 名（2018 年数据；《2020 年营商环境报告》显示 2019 年中国获得电力指数排名进一步提升到 12 位），比上年提升 84 个名次；非洲最低，仅为 50.4。**从平均工业电价看**，中国平均工业电价较低，欧洲、日本、澳大利亚等发达地区或国家平均工业电价普遍较高，北美、中国、非洲、俄罗斯平均工业电价低于 100 美元/（MW·h）。各国家和地区获得电力指数（2018 年数据）及平均工业电价如图 3-9 所示。

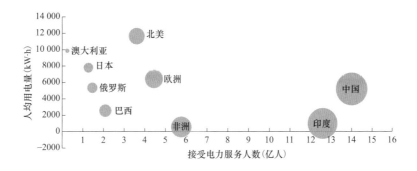

图 3-8 各国家和地区接受电力服务人数及人均用电量

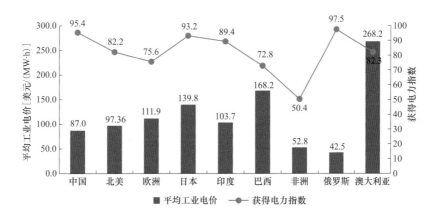

图 3-9 各国家和地区获得电力指数（2018 年数据）及平均工业电价

3.3 发展趋势和发展重点

北美电网的发展重点是加强互联和满足分布式能源设施广泛接入。电网互联方面，美国和加拿大已通过 37 条高压线路建立了跨境的电力交换，考虑到加拿大丰富的水电资源在满足低成本电力需求、推动能源系统清洁转型方面的巨大作用，未来电网互联将进一步加强，北美电力可靠性委员会将在加拿大强化

117

可靠性标准执行，保障互联电网稳定运行。配电网方面，分布式电源、电动汽车等新型能源设施将大量接入电网。据美国能源信息署预测，到 2025 年，美国的可再生能源发电量占比将从 2019 年的 18％上升到 38％，屋顶光伏发电等分布式电源规模占比继续上升，美国电动汽车年销量将达到 110 万辆，加拿大分布式电源装机等新型能源设施规模也将快速增加。与此同时，预计到 2025 年，美国配电线路的总长度将达到 1210 万 km，复合年均增长率约为 1.7％；加拿大的配电线路总长度将达到 104 万 km，复合年均增长率约为 0.7％。

欧洲电网发展重点是推动跨境互联，促进欧洲能源市场一体化，推动绿色发展。根据 ENTSO - E 发布的欧洲电网需求研究报告，为实现气候碳中和目标，部分国家的边界地区需在保持安全性和成本可控的情况下进行线路扩建。除了已经纳入计划的 2025 年前 3500 万 kW 跨境电网扩建投资之外，欧洲各地都已经确定了 2030 年的跨境电网投资目标，包括在近 40 个边境地区 5000 万 kW 的扩建需求和超过 55 个边境地区 4300 万 kW 的额外扩建需求。预计到 2040 年，欧洲每年将减少耗能 1100 亿 kW·h，减排二氧化碳 53t。同时，电网升级将促进各发电竞价区域之间的年度能源交易量增加 4670 亿 kW·h，不同竞价区域之间的价格将更加趋同，从而促进欧洲能源市场一体化。

日本电网发展重点是推动智能电网建设，扩大区域电网互联，提升可再生能源接入和消纳水平，以此提高能源自给率，保障能源安全。预计 2025 年，日本累计发电装机容量将达到 3.93 亿 kW，较 2019 年增长约 12％，其中风电和太阳能发电装机容量增速最快，分别达到 86％和 45％。为了适应大规模可再生能源的接入和消纳，日本大力推进智能电网建设，保障电网在面对可再生能源发电的波动性和间歇性时仍然能够正常稳定运行。同时，继续加强区域电网间互联，建设区域电力市场，提高可再生能源消纳水平。预计到 2027 年，从日本东北到关东地区的电力交换能力将从 2019 年的 573 万 kW 增加至 1028 万 kW，东京与关西中部地区之间的交换能力将从 2019 年的 120 万 kW 增加至 300 万 kW。

巴西电网发展重点在于支撑电源结构调整，进一步解决高比例水电装机结构下旱季的电力供应紧张问题。巴西水力发电占比较高，雨季供电量过剩，旱季则存在供电量不足的问题。为进一步解决该问题，巴西未来将持续发展风能、太阳能等非水可再生能源发电，并适当发展传统的火力发电，实现风光水火协调互济。预计到 2025 年，巴西将新建苏阿佩港口电厂、UTE 佩德雷拉电厂等火电厂以及大量风电、太阳能发电、生物质发电等非水可再生能源电厂，如圣尤金尼亚 9 号风电厂、砾石 2 号太阳能光伏电厂、Bracell 生物质发电厂等。为满足电力供需发展，预计到 2025 年，巴西 220kV 及以上电网输电线路总长度将突破 19 万 km，较 2019 年增长 23％，配电网线路长度将达到 423 万 km，较 2019 年增长 12％。

印度电网将保持高速发展，输电网建设以满足高速增长的用电需求和可再生能源为驱动力，配电网升级以提升农村电气化水平和信息计量能力为驱动力。输电网方面，印度经济高速发展，致使其用电需求高速增长，2018－2022 年五年规划明确迅速发展可再生能源的战略，计划 2022 年可再生能源发电装机容量达到 175GW，其中，太阳能发电 100GW，风电 60GW。印度电力部以建设高效、协调、经济、强大的电力系统为目标，实施大功率输电走廊计划，满足大规模电能配置需求。配电网方面，根据综合电力开发计划，印度电力部着力推动农网线路和城网线路的分离，提升农村电气化水平，加强配电变压器、馈线以及用户侧的计量管理，降低管理线损。大规模的分布式光伏发电发展，也倒逼配电网加强监测和控制能力，提升信息化水平。

非洲电网发展重点在于加强区域互联，形成统一市场，提升能源普及率。根据非洲基础设施发展规划，预计 2040 年非洲用电量超过 3.1 万亿 kW•h，年均增速达到 6％，发电装机容量超过 7 亿 kW，规划开发复兴大坝、英加三期、卡莱塔、巴托卡等大型水电满足持续增长的用电需求，建设南北电力输电走廊、非洲中部互联线路、非洲西部输电走廊、非洲北部输电线路等跨区域输电线路项目加强区域互联，推动全局统一竞争性电力市场的形成，从而降低能源费用，预计到 2040 电力普及率提升到 70％。

俄罗斯电网发展侧重提升数字化水平、能源效率、远程控制水平、电能质量和可靠性等方面。根据联邦电网公司统一电力系统创新发展纲要，电网创新发展重点领域包括通过先进信息技术和设备提升变电站的自动化程度，应用数字技术提升电力设施全寿命周期的统一性；创新线路涂层技术、变压器热利用技术，研发复合和超导材料，减少电能损耗，提升能源效率；加强 SCADA、EMS 等系统建设，提升检测和诊断能力，提高远程控制水平；提升分布式能源监测和控制能力，解决电压谐波问题，提升电能质量和可靠性。

澳大利亚电网发展聚焦用户导向、降低碳排放、合理激励、系统安全、智能电网五个方面。澳大利亚能源网络和澳大利亚联邦科学与工业研究组织联合出台澳大利亚电网改革路线规划，明确电网的发展目标为清洁化转型、更具性价比的服务、确保安全性可靠性、公平和合理激励机制。根据规划，预计到 2050 年将投资 2000 亿澳元，推动澳大利亚电网成为资源配置平台，连接百万级分布式发电和储能装置，实现 30％～45％ 的电力需求由分布式电源满足，并通过购买用户提供的电网支撑服务，减少电网投资，帮助用户节省电费支出。

中国电网发展注重加强灵活电源建设和改造，持续优化电网结构，提高配电网发展质量，提升电网调节能力。电源方面，合理确定新能源和传统电源建设规模，加快容量补偿机制建设，完善有偿调峰市场机制和利益补偿机制，实现新能源和传统电源、灵活电源和基础电源协调发展。电网方面，加强特高压电网主网架建设，同步实施超特高压电网合理分层分区，衔接区域协调发展战略、新型城镇化战略、乡村振兴战略和"新基建"部署，加快配电网建设，从形态、技术、功能上推动配电网向能源互联网转型升级，承载新兴电力负荷需求。源－网－荷－储协同方面，推动加强统一规划，广泛接入源网荷储资源，科学开发储能和负荷侧调节能力。

3.4 小结

中国电网有部分指标处于世界先进水平，也有部分指标存在提升空间。电网发展规模与速度居于世界首位，电网安全与质量处于中等水平，源网荷发展具有较好协调性，清洁化水平位于中上游，电网服务能力较强且普惠。

各国电网处于不同发展阶段，发达经济体在电网安全与质量、电网发展清洁性等方面保持领先，发展中经济体在电网发展速度、电价水平等方面具有优势。北美、欧洲、澳大利亚、日本等发达国家，电网发展相对成熟，规模保持稳定，处于低速稳定发展阶段，具有较高可靠性和输电效率，清洁化水平较高，但源网荷发展协调性存在差异，日本、澳大利亚、欧洲平均工业电价处于高位。中国、印度、巴西、非洲等发展中国家，电网处于中高速发展阶段，可靠性和输电效率有待提升，电网清洁性发展空间较大，电网发展普遍超前于电源和负荷发展，平均工业电价处于较低水平。俄罗斯电网保持中速发展，电价优势明显。

各国电网未来发展侧重点有所差异，区域互联、清洁低碳、智能互动、安全可靠是主要趋势。北美在于加强区域互联和满足分布式能源设施广泛接入。欧洲在于推动跨境互联，促进欧洲能源市场一体化，推动绿色发展。日本在于推动智能电网建设，并促进区域电网互联，提升可再生能源接入和消纳水平。巴西在于支撑电源结构调整，进一步解决高比例水电装机结构在旱季带来的电力供应紧张问题。印度在于满足高速增长的用电需求和可再生能源接入，提升农村电气化水平。非洲在于加强区域互联，形成统一市场，提升能源普及率。俄罗斯在于提升数字化、自动化水平，提高电能质量和可靠性。澳大利亚在于降低碳排放，提升系统安全。中国在于加强灵活电源建设和改造，持续优化电网结构，提高配电网发展质量，提升电网调节能力。

4

电网技术发展

本章主要跟踪 2019 年以来国内外输变电、配用电、储能以及电网智能化数字化技术的研究发展和应用情况，并对前沿技术进行展望。在输变电技术方面，碳纤维复合芯导线、无人机运维方式等应用于特高压输电工程，特高压直流换流阀投入应用，世界首个柔性直流电网工程组网，国内外漂浮式海上风电技术规模化应用加快，大规模复杂混联电网仿真技术取得突破。在配用电技术方面，交直流混合配电网自动化、智能化水平提升，多能互补智能微电网加快商业化应用，车联网数据共享与管理平台促进资源整合，先进信息与控制技术与变电站、能源站深度融合。在储能技术方面，飞轮储能等广泛应用于数据中心供能，电化学储能应用场景多集中于变电站、台区技术融合以及偏远地区供电等，氢电一体化程度加深。在电网智能化数字化技术方面，大数据、人工智能、区块链、5G 通信及边缘计算等先进信息通信技术与电力系统深度融合。

4.1 输变电技术

特高压和柔性直流输电工程加快推进，核心元器件和技术装备取得突破，大容量、规模化海上风电技术加快示范，应用场景更加丰富，大规模复杂电网仿真技术的精度和效率大幅提升。

4.1.1 特高压交直流输电技术

由于特高压具有产业带动能力强的特点，因此电网企业加快推进其在新型基础设施建设中的应用。中国特高压技术继续引领世界，当前技术发展方向主要为攻克"短板"技术以及新型应用等方面，比如核心元器件与材料研发以及无人机应用等新型技术应用等。

（一）全线路应用碳纤维复合芯导线的特高压工程正式带负荷运行

2019 年 12 月，锡盟—山东 1000kV 特高压交流输变电工程配套工程并网投运，该工程起于大唐锡林浩特电厂，止于 1000kV 特高压胜利站，线路全长

14.6km，全部线路采用中国自主研制的碳纤维复合芯导线，特高压碳纤维复合芯导线如图 4-1 所示。与传统的钢芯导线相比，碳纤维复合芯导线具有芯线强度高、导体导电率高、温度弧垂特性好等优点。碳纤维复合芯导线可在 160℃下运行，输送容量是相同截面积传统钢芯铝绞线的 1.6 倍。与传统圆线结构相比，碳纤维复合芯导线铝截面填充率可以增加 10％～30％，在单位长度等质量的情况下，碳纤维导线的铝截面比钢芯铝绞线增加 10％～30％。

图 4-1　特高压碳纤维复合芯导线

（二）无人机结合电动升降的特高压输电线路带电作业技术取得突破

2020 年 7 月，国网甘肃省电力公司将无人机结合电动升降装置进出等电位作业法成功应用于中国 ±1100kV 特高压输电线路带电作业消缺。由于该线路电压等级高、距离长，安全运行的可靠性要求高，且沿线地理环境复杂，导致线路发现缺陷时，无法随时停电检修。此次带电作业用无人机将绝缘绳抛投至指定作业点，且将一套电动升降装置固定到绝缘绳上，检修人员可通过操作开关，快速直达缺陷位置，此次带电作业刷新了高海拔、高电压等级输电线路带电作业记录。

4.1.2　柔性直流输电技术

相比于传统输电技术，柔性直流输电技术具有运行控制灵活、智能化程度高等优点，能够提升电力系统稳定性，支撑"弱送端"条件下新能源的接入与规模送出，提高配电网可靠性和灵活性，在偏远地区和海上新能源并网、异步电网互联、城市供电等应用领域具有独特优势。

（一）±800kV 柔性直流换流阀投入应用

2019 年 11 月，南方电网超高压公司牵头研制的昆柳龙直流工程首台±800kV 柔性直流换流阀完成定型试验，是特高压柔性直流换流器首次实现工程应用。此次研制成功的换流阀，高端阀塔高达 14.91m，单个质量超过 100t，±800kV 柔性直流换流阀如图 4-2 所示。同时，针对各种故障类型研究多级保护措施，实现了单一模块故障不会导致系统跳闸的技术目标。

图 4-2　±800kV 柔性直流换流阀

（二）世界首个柔性直流电网工程组网

2020 年 6 月，±500kV 张北柔性直流电网试验示范工程四端带电组网成功，是世界首个柔性直流电网工程组网，±500kV 四端柔性直流电网如图 4-3 所示。工程额定电压±500kV，建设 666km 直流输电线路，新建 4 座换流站，总换流容量 900 万 kV·A，可以将张北地区风电、光伏发电等打捆输送，利用风电、光伏发电和储能之间的互补性，解决可再生能源发电间歇性与不稳定性等问题，实现张北千万千瓦级新能源基地汇集外送，有效支撑 2022 年北京冬奥场馆实现 100％清洁能源供电。

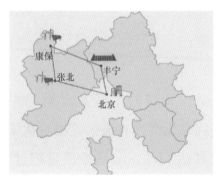

图 4-3 ±500kV 四端柔性直流电网

4.1.3 灵活交流输电技术

灵活交流输电技术主要指通过在输电系统中加装电力电子装置，在不改变网架结构情况下，通过"红绿灯"式的智能调节，优化潮流控制，大幅提升电力传输能力。灵活交流输电技术正朝着更高电压等级、更大容量发展，如统一潮流控制器（UPFC）、静止同步串联补偿器（SSSC）、静止同步补偿器（STATCOM）等装置在国内的示范工程应用较多。

2019 年 6 月，国家电网许继集团有限公司研制的 35kV/±120Mvar 的高压链式静止同步补偿器（STATCOM）在湖南紫霞 500kV 变电站一次性并网成功，高压链式静止同步补偿器如图 4-4 所示。本次投运的高压链式静止同步补偿器，额定容量±120Mvar，最大运行容量±156Mvar，动态响应时间 5ms 以

图 4-4 高压链式静止同步补偿器

内，提出的双目标电压（500kV 和 220kV）协调控制策略，解决了常规稳态定电压控制只有一个目标电压，不能同时兼顾控制两个目标电压的问题，能够实现两个目标电压的平滑协调控制，有效提升了动态无功补偿装置的电压协调控制能力。

4.1.4　海上风电技术

海上风电技术是在现有陆上风电技术基础上，针对海上风力资源特点进行适应性技术改造而形成的发电技术，其技术核心为风机支撑技术，包括底部固定式支撑和漂浮式支撑两种方式。其中底部固定支撑技术适用于水深小于 25m 的浅海区域，漂浮式支撑技术主要应用于水深 75～100m 的区域。与陆上风电相比，海上风电具有发电稳定性高、发电容量大、不占用土地资源、对生态环境友好等特点。中国东部沿海地区海上风力资源丰富，且距离负荷中心较近，海上风电技术的发展将有效缓解东部沿海地区电力供应压力。

（一）国内海上风电技术发展起步较晚，大容量、规模化应用逐步加快

中国海上风电场分为潮间带和潮下带滩涂风电场、近海风电场以及深海风电场，其中潮间带和潮下带滩涂风电场水深 5m 以下，近海风电场水深为 5～50m，深海风电场水深 50m 以上。中国海上风电项目向大型化、集中化、规模化方向发展。

2019 年 9 月，中国东方电气集团有限公司制造的国内首台单机最大 10MW 海上风机下线；同月，金风科技制造出国内首台具有完全自主知识产权的 8MW 机组。

2020 年 3 月，河北省唐山乐亭菩提岛海上风电场 300MW 工程示范项目吊装完成。该风电场也是国内首个低温型海上风电场，共安装了 75 台 4MW 低温型海上风电机组。整个风电场南北长约 7.6km，东西宽约 12.5km。场址区水深约 5～25m，风电场场址中心距离岸线约 16km。与常温型风电机组相比，低温型风电机组的机组运行特性、材料性能以及控制策略能够适应低温环境，适合北方地区－35℃及以下环境下海上风电资源的开发与利用。

2020 年 6 月，在广东汕头临港海上风电产业园区，国内首台 8MW 海上风机"黑启动"成功。该风机属于上海电气汕头智慧能源示范项目，本次"黑启动"过程利用锂电池作为支撑电源对风机供电，完成风机首次启动的既定程序后，8MW 风机进入空转状态，达到切入风速后，正式启动发电，整个过程实现了并网零冲击。

（二）国外海上风电技术更为成熟，重点关注漂浮式风机

漂浮式海上风电主要集中在欧洲和日本，属于前沿技术，关键技术包括电缆牵引安装、漂浮式风电机组荷载等。

2019 年 12 月，世界最大浮动式海上风电项目——葡萄牙 Wind Float Atlantic 启动建设，该浮动式风力发电站由三大风电场平台构成。

2020 年 1 月，英国 Hornsea One 海上风电场全部并网发电，装机容量为 1218MW，是全球已投运的最大规模海上风电场。该风电场位于英格兰 Yorkshire 海域，有 174 台西门子歌美飒 7MW 风机，且安装了 3 个海上升压站和 1 个海上无功补偿站。占地面积达到 407km^2，发电能力超过 1.2GW，可为超过 100 万户家庭供电。

2020 年 6 月，通用电气（GE）可再生能源公司宣布，Haliade‐X 12MW 海上风机原型机获得全球最大的独立认证机构 DNV‐GL（挪华威认证）授予的临时型式认证。该认证表明 GE 的 12MW 风机具备行业通用的最高安全性和质量标准，且正按计划进行符合完整型式认证的测试。同时，德国输电运营商 Amprion 公布"欧洲海上风电母线"风电并网计划，旨在为海上风电建立专用的海上电网，降低并网成本。

4.1.5 电网仿真与新材料技术

随着电网互联程度逐步加深，交直流混联形态更趋复杂，对电网仿真模型有效性、快速性要求更高。国内针对大规模复杂混联电网仿真技术研究取得较多成果，提升了仿真精度和效率。此外，具有体积小、质量轻等特点的高温超导工程也有示范应用。

（一）复杂电网仿真分析技术

2020 年 5 月，中国电机工程学会组织召开复杂电网安全稳定控制全景镜像和全域试验技术开发应用项目技术鉴定会，认为该项目有效提升了复杂电网安全稳定控制系统的有效性和可靠性，可以保障电网长期安全稳定运行。该系统相当于把复杂电网形成镜像反映在系统当中，可以精准模拟交直流复杂电网运行特性和控制特征，以及从电网正常运行到事故发生的全过程，以便采取控制措施到故障消除。

2020 年 6 月，由中国电力科学研究院有限公司研发的电力系统模型（PSModel）全电磁暂态仿真软件完成了 1 万个三相节点、24 个换流站的仿真规模。该软件可以仿真出蒙西电网、华东电网和西北电网等区域级电网，在精度、规模及建模速度等方面均取得突破。PSModel 全电磁暂态仿真软件提出和实现了一整套电磁暂态用于大电网计算的理论、模型、算法和自动建模方法，打破了传统电磁暂态程序计算规模小、计算时间尺度短的局限性，通过了蒙西电网、华东电网和西北电网等区域级电网的全电磁暂态仿真考验。特别是在西北电网仿真计算中，该软件完整仿真出 11 回直流送出、400 个风电和光伏发电接入点。

（二）高温超导输电技术

2020 年 4 月，由国家电网公司投资建设的国内首条 35kV 公里级高温超导电缆示范工程在上海开工。该项目核心技术国产化率达 100％，预计将于 2020 年底建成投产。该项目选址上海市中心徐家汇地区，线路总长度约 1.2km。高温超导电缆结构中最核心的是 0.4mm 厚的第二代超导带材。该项目建成后可有效降低线路电能损耗，提高电能输送效率。

4.2　配用电技术

4.2.1　交直流混合配电网

交直流混合配电网在保留交流配电相关成熟技术优势基础上，兼具直流配电线路损耗少、供电质量好、供电可靠性高的优点。交直流混合配电网技术可实现多种能源的灵活接入、相互耦合以及智能配置，解决了分布式电源和多元化负荷电能转换环节多、影响电网稳定性等问题，同时具备与大电网的互动响应能力，包括主动孤网能力❶、需求响应能力和应急支撑能力，有效提升区域配电网供电可靠性与运行灵活度。

（一）国内首次实现区域交直流混合配电网对大电网的毫秒级和千秒级应急支撑

2019 年 6 月，江苏同里区域能源互联网示范区综合能源协调控制系统的应急支撑能力试验获得成功，在国内首次实现区域交直流混合配电网对大电网的毫秒级和千秒级应急支撑。基于交直流混合配电网、内部储能等的快速响应设备，通过区域配电网控制系统与大电网控制系统之间的协调控制信息交互、区域配电网控制系统对可调设备优先级控制等技术，可实现上下可调裕度及持续时间信息的实时计算与上传、功率调节指令的实时下发及分解执行等。

（二）国内首次实现中低压交直流混合配电网全自动无缝并离网切换

2019 年 10 月，江苏同里区域能源互联网示范区综合能源协调控制系统的"主动孤网 2.0"能力试验取得成功，首次在国内实现中低压交直流混合配电网全自动无缝并离网切换。此次"主动孤网 2.0"能力试验解决了区域交直流混合配电网"并网－离网－同期并网"切换的"一键顺控"自动批量处理、分布式光伏发电及用电负荷大范围快速波动下的区域自治电网稳定控制等技术难题。

4.2.2 分布式电源与微电网

以风光等可再生能源为主的分布式电源一般在负荷附近建设安装，通过分

---

❶ 主动孤网能力是指外部电网供电存在风险时，区域配电网通过内部电源支撑，主动脱离大电网进行自治运行，实现内部电网供需平衡、稳定运行；在外部电网供电风险消除时，再主动进行同期并网。

布式供应方式满足用户侧需求，并且需要配电网提供平衡调节。依托于分布式发电技术，融合储能、控制和保护装置构成的可控多能互补智能微电网系统是解决风光等分布式电源高效、安全、可靠接入电网的有效手段，同时也是提高分布式电源利用效率的有效方式。

（一）陕西首个商业化兆瓦级风光储充多能互补智能微电网投运

2019年12月，由金风科技规划建设的榆林协合智能微电网科技项目投运。该项目通过负荷侧风光储充多能互补供用电系统，为光伏升压站及当地园区企业提供经济、绿色、便捷用电解决方案。该项目由1台2MW风机、100kW（峰值功率）屋顶光伏组件、500kW·h集装箱储能系统、50kW（峰值功率）光伏车棚、2台快速充电桩等构成。

（二）重庆首个分布式储能与区域电网互动试点项目投运

2019年9月，重庆首个分布式储能与区域电网互动试点项目投入运行。该项目基于钛酸锂梯次利用旧电池和磷酸铁锂新电池，依托分布式储能综合管理系统，实现分布式储能参与电网调度。通过电网、负荷和储能的友好互动，能够有效平滑当地充电负荷曲线、优化电能质量。

（三）美国西门子微电网示范园区正式启动

2020年8月，美国西门子公司技术总部启动微电网研究和示范园区——普林斯顿微电网。该微电网集成了智能基础设施技术，包括光伏发电、电池储能、电力基础设施、建筑物管理系统和微电网控制系统，由光伏发电系统提供动力，储能系统应对随机波动。该项目研究旨在解决微电网控制的相关难题，促进清洁能源发展。

4.2.3　电动汽车及车联网

交通运输行业是能源消耗大户，以电能为驱动的电动汽车可有效降低环境污染。广泛布局充电桩/站、建设车联网、深化规范管理能够推动电动汽车产业规模化发展，对缓解环境污染具有重要意义。同时，电动汽车具备用电负荷和储能装置的双重特性，可作为灵活性调节资源，依托车联网参与电网负荷调度和能量供应，可帮助电网实现削峰填谷与新能源消纳。

（一）电动汽车动力电池产品的国家标准发布

2020 年 5 月，由工信部组织制定的 GB 18384－2020《电动汽车安全要求》、GB 38032－2020《电动客车安全要求》和 GB 38031－2020《电动汽车用动力蓄电池安全要求》三项强制性国家标准发布。三项标准以中国原有推荐性国家标准为基础，与中国牵头制定的联合国电动汽车安全全球技术法规全面接轨，进一步提高和优化了对电动汽车整车和动力电池产品的安全技术要求。

（二）国内首次将车网互动充电桩纳入电力调峰辅助服务市场

2020 年 4 月，国家电网公司华北分部在国内首次将车网互动（V2G）充电桩正式纳入调峰辅助服务市场并正式结算。通过 V2G 充电桩，电动汽车由单一充电拓展到以充、放电两种形态参与电网实时调控和调峰辅助服务，出清结果通过智慧车联网平台实时发送到 V2G 充电桩，实现了新能源电动汽车一日两充（夜间、午间负荷低谷）两放（早、晚负荷高峰）双向功率连续调节。参与电网实时调控和调峰辅助服务后，电动汽车日平均调峰收益约占其充电费用的 60％，大幅度降低充电成本，激发电动汽车用户参与积极性。

（三）全国首个大规模工程车充电站在深圳开工

2020 年 5 月，由南方电网公司主导投资建设的深圳光明公常路充电站开工建设。该站建成后可供周围 20km 内 600 台纯电动泥头车出行，是全国首个大规模工程车充电站。与普通的居民充电桩相比，该项目的单桩功率更大，充电速度更快，不仅可供纯电动泥头车充电，还可满足纯电动自卸车、搅拌车、集装箱拖车等重型卡车充电需求。

（四）南方电网公司完成网内电动汽车充电平台整合

南方电网公司电动汽车充电服务平台顺利完成网内 7 个电动汽车充电平台的整合工作，通过"顺易充"App 进行管理。2020 年 1 月起，电动汽车用户在南方电网区域内使用"顺易充"App 即可畅行。整合后，南方电网公司电动汽车服务平台共有充电桩 3.23 万个。

4.2.4　智慧能源站

智慧能源站具有对局域多能互联系统的集中管理能力，在实现电力能源的灵活调配与潮流优化的同时能够对大量数据进行分析管理。结合移动物联网和能源大数据等先进技术，智慧能源站是能源供应系统降低能耗、提高效益、智慧化运行的重要载体，也是有效提升能源管理水平和综合能效的重要保障。

（一）河北首个多功能智慧能源综合体投运

2019 年 11 月，位于河北自贸试验区正定片区的多功能智慧能源综合体——朱河城市多功能智慧能源综合体正式投运。该综合体集变电站、充电站、数据中心站三站为一站，集能源流、业务流、数据流为一体。通过综合能源管理平台，实时收集电网系统、风光发电、设备运行、环境状态信息，利用源－网－荷－储协调优化控制技术实现多种能源在时间、空间、形式上的灵活转换，能够实现站内能量自给自足，剩余能量外送，可有效提高能源利用效率，增加社会综合效益。

（二）全国首座氢电油气综合智慧能源站在山西长治投运

2019 年 12 月，全国首座氢电油气综合智慧能源站在山西长治投运。该站包含了制氢、储氢、加氢、加油和充电功能，具备了站内制氢的功能。该站加氢的加注压力为 35MPa，加氢能力 500kg/d，并预留 70MPa、500kg/d 的空间，未来主要面向生态园区进行能源供给。

4.2.5　智慧变电站

智慧变电站应用大数据、云计算、人工智能等现代信息技术，在发电侧、电网侧、营配终端、储能等环节采用先进传感技术，实现各环节物物互联的智慧服务，是进一步完善电力物联网建设的具体实践。

（一）中国首座户内复合式组合电器智慧变电站正式投入运行

2019 年 11 月，由湖南长高高压开关集团股份公司承建的国内首座户内复合式组合电器（HGIS）智慧变电站——湖南岳阳狮子山 110kV 智慧变电站正式投入运行。该工程应用了移动作业、实物 ID、边缘计算、一体化触头在线测温等 23 项创新技术，该站投运后能够实现变电站设备状态全息感知、倒闸操作远方一键顺控、机器替代人工巡检、设备缺陷主动预警等功能，从而减少日常运维工作量，提升安全生产精益管控水平。

（二）湖北孝感 110kV 金马智慧变电站建成

2019 年 12 月，湖北孝感 110kV 金马智慧变电站完工。该站采用全光纤变压器、六氟化硫充气柜、就地化保护等新设备以及光纤测温、油色谱、电容量在线监测等新技术。站内的六氟化硫气体继电器、避雷器泄漏电流表等设备具有数据远程传送功能，变电站能够实现设备自动巡检、主辅设备智能联动、设备异常主动预警、故障跳闸智能决策，实现状态全面感知、信息互联共享、设备诊断高度智能化，从而有效提升运检效率。

（三）湖南长沙 500kV 鼎功变电站智慧化改造项目启动

2020 年 5 月，国网湖南省电力检修公司针对位于长沙市望城区的 500kV 鼎功变电站进行智慧化改造升级。此次改造主要针对鼎功变电站内的一次设备，包括主变压器、开关柜、气体绝缘设备等，加装 6 大类共 224 个基于能源互联网感知层的低功率传感器，实现对设备运行数据的自动采集，建立变电站运行状态自动感知系统；新增射频局部放电、避雷器动作电流等监测设备和装置，及时防范和预警设备缺陷，实现变电站运维方式由人工经验向数据驱动的智慧化转变，减少人工操作误差、降低供电成本。

（四）首座 110kV 数字孪生变电站在上海投运

2020 年 7 月，由国网上海浦东供电公司投建的首座 110kV 数字孪生变电站在临港地区正式投入运行。该变电站是以数字化方式创建，能够模拟实体变电站实际运行状态的虚拟变电站，实现对实体变电站设备状态、关键状态量、遥信遥测数据和环境数据的实时监控，利用人工智能等先进技术对监测数据进行分析，并可针对预测性故障输出差异化、精细化的检修策略。孪生变电站技术的应用提高了变电站运行维护效率和供电可靠性。

4.3　储能技术

储能技术是能源互联网的重要组成部分和关键支撑技术，能够为电网运行提供调峰、调频、备用、黑启动、需求响应支撑等多种服务，是提升传统电力系统灵活性、经济性和安全性的重要手段。

电能存储方式主要包括物理储能、电磁场储能和电化学储能。物理储能方式包括抽水蓄能、压缩空气储能、相变储能、重力储能和飞轮储能；电磁场储能包括超导储能、超级电容储能和高能密度电容储能；电化学储能包括铅酸电池、液流电池、钠硫电池、锂离子电池以及氢储能等。通过储能技术可实现电能吞吐的时间可控性，大规模应用储能技术可改变电力系统时刻供需平衡的运行原则。依据电能吞吐的作用时间，可将储能技术分为秒级、分钟至小时级和小时级以上，以对应不同的应用场景。其中秒级作用时间的飞轮储能、超级电容储能适用于电网一次调频、提供系统阻尼；分钟至小时级的电化学储能适用于二次调频、平滑新能源出力等；小时级以上的抽水蓄能、压缩空气储能、氢储能适用于电网削峰填谷和负荷调节。

4.3.1　物理储能

（一）飞轮储能

飞轮储能的原理是通过电动/发电互逆式双向电机，实现电能与高速运转飞轮的机械能之间的相互转换与存储，其优点是响应速度快、功率密度高、使用寿命长等，缺点是能量密度低、自放电率高。随着高强度复合材料、悬浮轴承以及电力电子技术的突破，目前飞轮转速可达到 30 000r/min，额定功率达到兆瓦级，额定续航时间约 30s。飞轮储能技术已经在交通能量回收领域、电网运行调控领域得到商业化应用，并因具备体积小、可靠性高等优势，更多应用于数据中心供能。

2019 年 7 月，兆瓦级飞轮储能技术在北京地铁房山线广阳城站正式实现商用。地铁列车进站刹车时，会产生较大电能，进而加速飞轮旋转，将电能转换为势能进行储存；列车出站启动时，释放势能，进而减少了电能消耗。通过应用该飞轮储能系统，每座车站可年节省 50 万 kW·h 电能，同时实现综合节能减排。

2019 年 10 月，美国 VYCON 公司为俄勒冈州 Easy Street 数据中心提供的 18 台 VDC 型飞轮储能装置投入运行；2020 年 1 月，该公司再为企业级云计算和数据中心提供商 DataBank 提供 12 套飞轮储能系统，为相关数据中心提供绿色环保、安全可靠、经济高效的不间断电源保障。VDC 系列飞轮储能装置利用飞轮高速旋转的动能来存储能量并提供可靠的直流电源，VDC 型飞轮储能装置如图 4 - 5 所示。飞轮储能设备通过不间断电源系统（UPS）的直流总线接入，其接入方式与传统铅酸蓄电池完全相同。充电时，飞轮储能设备从 UPS 接收充电电流；当 UPS 输入电源故障时，飞轮储能设备通过 UPS 逆变器快速放电，向负载提供不间断电源保障。同时，相比传统铅酸蓄电池，VDC 系列飞轮储能

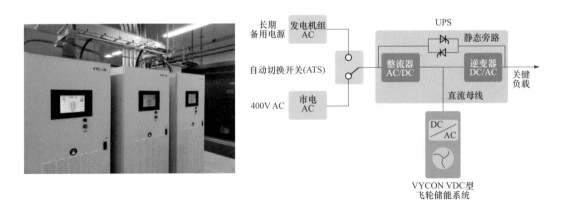

图 4 - 5　VDC 型飞轮储能装置

装置能够在长达 20 年的使用寿命中，以高功率进行不限次数的充放电。对于数据中心来说，另一个主要的优势是飞轮储能系统与蓄电池系统相比可节省大量空间，蓄电池系统的占地面积约为飞轮系统的 3 倍。

（二）空气储能

空气储能有两条技术路线。一是压缩空气储能技术，优点是发电功率比较大，但缺点是储能密度比较低，需要很大的空气存储空间，且储气室压力会产生较大波动；二是液态空气储能技术，其具有比较高的储能密度，不受地理条件限制，可以实现液态空气的低温常压存储，压力较压缩空气稳定。

2019 年 7 月，加拿大储能厂商 Hydrostor 公司获准在澳大利亚部署一个 5MW/10MW·h 电网规模的压缩空气储能系统。该项目将可再生能源整合到电网中，以提供更便宜、更可靠、更清洁的能源，并改善电网的同步惯性、负载转换、频率调节，以支撑电网安全性和可靠性。

2019 年 12 月，英国液态空气储能公司 Highview Power 在美国建设 50MW/400MW·h 的液态空气储能工厂，Highview Power 液态空气储能技术工作原理如图 4-6 所示。其核心技术是全尺寸低温电池，通过可再生能源电力，将空气冷却至 -196℃，之后再把液态空气存入大型真空金属罐，需要用电时提高空气的温度使其膨胀，继而驱动发电机。

4.3.2 电化学储能

（一）锂离子电池

近年来随着市场对锂离子电池（简称锂电池）的需求持续扩大，锂电池已实现大规模量产，其成本正在逐年下降，锂电池储能技术还在持续突破。在电网应用场景中，多集中于和变电站、台区的融合以及储能应用商业模式的创新。

2019 年 7 月，北京电网侧储能电站示范项目——怀柔北房储能电站正式投入运行，怀柔北房储能电站如图 4-7 所示。该电站位于 110kV 北房变电站北侧，总用地面积 0.42 公顷，终期规模为 3 万 kW·h，最大输出功率达 1.5 万 kW，充满电时可供一万户家庭同时用电 2h。储能电站选取磷酸铁锂电池作为储能元件，采用"模块化设计、标准化接入"的预制舱模式建设。

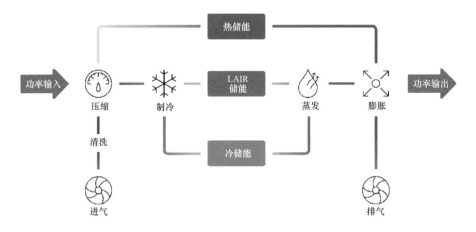

图 4-6 Highview Power 液态空气储能技术工作原理

图 4-7 怀柔北房储能电站

2019 年 12 月，国内首个市场化运营电网侧共享储能电站——美满共享储能电站在青海省海西蒙古族藏族自治州格尔木市正式开工建设，储能电站容量 32MW/64MW·h。自 2019 年 6 月青海省内调峰辅助服务市场启动以来，截至 11 月底，青海省共享储能电站累计实现增发新能源电量超过 1400 万 kW·h，相当于节约标准煤 5600t，减少二氧化碳排放 13 958t，环境效益较为明显。调峰服务成交均价 0.72 元/（kW·h），电站利用率达 85%，提高了储能装置的利用率和新能源消纳水平。

2020 年 3 月，广东电网可移动的盒式配网储能示范项目并网运行。适用于低压配电台区的模块化储能装备，解决了配电网常见的周期性重过载、低电压、生产用电受限等问题。储能系统充放电过程采用智能化控制方式，将实时运行状态信息传送给远端监控中心，实现远程监测。

2020 年 7 月，美国储能系统集成商 FlexGen 公司为印第安纳州一家公用事业公司的 77MW 天然气发电厂安装了 12MW/5.4MW·h 的电池储能系统，主要为电厂提供黑启动服务。该电池储能系统不仅是零排放发电资源，而且能够以柴油发电机一半的成本执行黑启动任务。

（二）液流电池

液流电池具有循环寿命长、环境适应性强、运行温度范围广、自放电率低、容量定制化、功率规模化、成本低廉等优点，可应用在发电侧、电网侧和用户侧，能够通过快速的能量时空转移解决大规模新能源并网带来的问题，铁-铬液流电池基本原理图如图 4-8 所示。

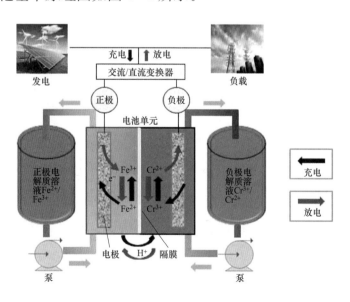

图 4-8　铁-铬液流电池基本原理图

2019 年 11 月，由国家电投集团中央研究院自主研发的首个 31.25kW 铁-

铬液流电池电堆"容和一号"成功下线，并通过检漏测试，铁-铬液流电池电堆"容和一号"如图 4-9 所示。目前国内首个百千瓦级铁-铬液流电池储能示范项目正在建设之中，该示范项目功率 250kW，容量 1.5MW·h，由 8 个"容和一号"构成。

图 4-9　铁-铬液流电池电堆"容和一号"

2020 年 3 月，中国科学院大连化学物理研究所储能技术研究部和大连融科储能技术发展有限公司联合牵头，制定出首项国际电工委员会（IEC）液流电池核心标准《固定式液流电池 2-1：性能通用条件及测试方法》。该标准的发布表明中国液流电池技术水平得到国际同行认可，也将推进中国液流电池产业化。

2020 年 5 月，中建铁投集团华东公司大连分公司承建的世界最大电化学储能项目——大连储能项目封顶，大连储能项目如图 4-10 所示。该项目是国家能源局批准的首个大型电化学储能国家示范项目，总建筑面积 36 519m²。该项目采用的全钒液流电池储能技术适用于大功率、大容量储能，具有安全性好、循环寿命长、响应速度快、能源转换效率高、绿色环保等优点。

2020 年 5 月，德国制造设备提供商 Sch 集团与沙特化工企业 Sabic 公司合作，在沙特开发 3GW·h 的氧化还原液流电池生产设施，用于公用事业级可再生能源项目、电信塔、采矿场、偏远城市以及未接入电网的地区供电等。

2019 年 11 月，澳大利亚液流电池制造商 Redflow 公司与新西兰农村互联

图 4-10　大连储能项目

集团达成协议，由 Redflow 公司提供锌溴液流电池储能系统，新西兰农村互联集团（RCG）扩展到偏远地区的数千个家庭用户和企业移动网络和互联网设施提供电源，锌溴液流电池如图 4-11 所示。锌溴液流电池系统具有持续放电时间长、坚固耐用、可靠性高、预期寿命长的优点，也是 RCG 在偏远地区使用液流电池的主要原因，同时该电池还可以取代柴油发电机或显著减少柴油发电机的运行时间。

图 4-11　锌溴液流电池

（三）氢储能

氢储能是将电能转化为高能量密度的燃料气体技术，将风力发电、太阳能发电以及部分核能发电的剩余电力，也就是富余电力通过电解水制成氢，通过燃烧氢气或燃料电池发电输出稳定的电能。氢储能具有储存时间长、反应时间快、没有污染等优势。

2019 年 10 月，《佛山市南海区氢能产业发展规划（2019－2030）（征求意见稿)》发布，提出到 2020 年氢燃料电池公交车保有量达到 400 辆，物流车保有量达到 1000 辆，建设有轨电车线路 1 条，建成加氢站 15～20 座，规划发展氢燃料电池分布式发电系统、备用电源和制氢工厂。

2020 年初，山西大唐国际云冈热电有限责任公司与大同攸云企业管理有限公司签署山西省首座氢储能综合能源互补项目合作协议。该项目以山西大唐国际云冈热电有限责任公司现有热电资源为基础，进行以氢为主的储能项目建设，充分消纳多余的热、电、风、光等能源，是集电网调峰、储能、绿色能源利用等为一体的综合能源互补项目。该项目一期建设 6 座 25MW 分布式光伏电站、100MW 风电站，并配套建设 150MW 电极锅炉供热系统和 10MW 电解水制氢高压储氢系统。

2019 年 5 月，美国可再生能源公司 Angstrom Advanced 完成氢能微电网示范项目试运行，美国 Angstrom Advanced 氢能微电网示范项目如图 4-12 所示。通过建立氢能可再生能源储能系统，实现波动性可再生能源的有效利用，验证了建立和实施"氢能源社区"或"氢能城市"的可行性。此外，氢气可用作备用电源，也可用作氢燃料电池汽车的燃料，"氢能源社区"的最终目标是将氢气作为清洁的零排放能源来实现可持续发展。

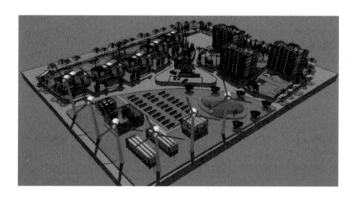

图 4-12　美国 Angstrom Advanced 氢能微电网示范项目

2020 年 6 月，欧洲集成氢电一体化（Power-to-X-to-Power）氢气燃机（hyflexpower）示范项目启动建设，集成氢电一体化氢气燃机示范项目如图 4-13

所示。该项目由西门子油气与电力公司、Engie Solutions、Centrax、Arttic、德国航空航天中心以及四所欧洲大学组成联合项目团队承担，由欧盟委员会根据"地平线 2020 研究和创新框架计划"进行资助，是全球首个装备先进氢气燃机的工业级规模 Power-to-X-to-Power 的示范项目。该项目将以绿色氢气的形式存储多余的可再生电能，在用电高峰期间，存储的绿色氢气将用于生产电能，并输送到电网中。该项目旨在验证从可再生能源电力中制氢和储氢，并添加到目前热电联产电厂使用的天然气中，最高可实现 100％燃料用氢。

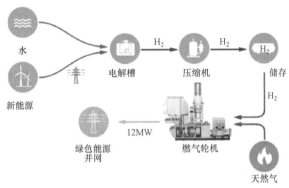

图 4-13　集成氢电一体化氢气燃机示范项目

143

4.4 电网智能化数字化技术

随着先进信息通信技术与电网业务的深度融合，电力能源行业的业务范围得以拓宽、业务形态得以升级、业务智能化水平得以提升。以大数据、人工智能、区块链、5G 通信和边缘计算等为代表的技术加速推广应用，有力推动了电网的数字化和智慧化转型，逐渐打破行业壁垒，形成以电力物联网为基础的多行业融合发展态势，为提升电网安全经济运行水平、促进能源消费低碳绿色发展、满足客户多样化需求、带动多个产业升级发展提供了支撑。

4.4.1 大数据

电力系统运行时会产生数量庞大、增长快速、类型丰富的数据，并贯穿发电、输电、变电、配电、用电和调度等电力生产及管理的各个环节。电力大数据不仅可反映电力行业内部规律特征，还可为研判经济发展整体态势、监测宏观政策执行情况提供支撑。

（一）电网大数据治理技术和示范应用成果显著

2020 年 6 月，由国网辽宁省电力有限公司承担的"自服务电网大数据治理关键技术与应用研究"通过验收。本项目的技术研究与示范验证表明，通过大数据治理技术的应用设备台账与拓扑图对应率由 85% 提升至 98%，生产管理系统（PMS）与企业资源计划系统（ERP 系统）账卡物一致率由 90% 提升至 100%，供电停电事件采集完成率从 83.57% 提升至 88.74%，10kV 分线达标率从 88% 提升至 95%，台区线损达标率从 87.6% 提升至 93.85%。

（二）大数据智慧台区落户章丘三涧溪

2020 年 5 月，大数据智慧台区在山东章丘三涧溪建成。该项目通过建立数据管理平台，实现数据处理、分析、调用功能一体化，促进电力专业数据汇集融合，满足电网运检、用电服务等前端场景功能需求。该台区充分发挥电力大数据融合应用优势，实现电网供电可靠性和居民电力获得感的双提升，为服务乡村振兴发展提供坚强的电力保障。

（三）珠海建成智慧能源大数据云平台

2019年3月，广东珠海支持能源消费革命的城市－园区双级"互联网＋"智慧能源示范项目通过验收。该智慧能源大数据云平台项目综合应用现代信息技术，建立综合能源大数据体系，实现了内外部能源数据的集成和管理、多源异构数据的融合服务。

4.4.2　人工智能

人工智能技术是指通过计算机的超强运算能力模仿人工的方法和技术并实现延伸和拓展的技术，该技术目前应用于电力系统运行中的负荷/电价/发电预测、故障识别、安全稳定判断、智能运维、调度控制和需求响应潜力分析等方面。

（一）基于人工智能的电网监控系统在南京上线

2019年6月，基于人工智能的电网运行信息监控事件化处置系统在国网南京供电公司上线运行。该系统采用人工智能机器学习技术，结合实际故障现象，对近五年来的三千万余条电网运行告警信息进行综合学习分析，提炼电网告警运行特征1200余条，经过调控运行专家校核优化，组成267项电网运行事件生成规则，形成能够聚合所有调控运行人员经验的电网监控"最强大脑"。

（二）输电线路巡视图像智能分析云服务平台在株洲上线

2019年5月底，国网株洲供电公司将输电线路巡视图像智能分析云服务平台应用到日常电力设备巡检中，通过人工智能图像识别技术实现系统海量照片的自动筛选和甄别，判断并收集电力设备缺陷，有效提高了巡检效率，节省了人力成本，避免了人工巡检可能发生的遗漏和误判问题。

（三）全国首套融合人工智能的中压配网负损治理系统在江苏推广应用

2020 年 1 月，由国网江苏省电力有限公司自主研发的全国首套中压配网负损治理系统在省内进行推广。该系统通过对营、配、调海量数据的集中管理与标准化处理，结合人工智能技术实现了转供操作智能识别、量测误差及表底缺失智能研判等关键技术，有效解决了线变关系诊断问题，为负损问题提供了数据驱动下的治理方案。负损治理系统具有一键式诊断报告、线变关系修正决策、表底缺失智能预警等实用化功能，有效保障了系统诊断的实时性。

4.4.3 区块链

区块链技术具有不可篡改、可追溯和可编程等技术特征，在国内外能源领域中用于解决可再生能源消纳、电力分布式交易、多利益主体间缺乏信任等问题。此外，基于区块链技术的交易可实现资金流的零延时转移，保证交易高效执行。区块链技术在电网企业主要应用于交易、存证与授权管理等三类场景。

（一）区块链技术应用于需求响应和交易

2019 年 10 月，国网浙江省电力有限公司将区块链技术应用于电网移峰填谷的响应中。区块链技术在数据共享方面的安全性能消除客户对负荷响应数据的质疑，让客户更加积极地参与到需求响应调节中，同时降低了监管成本，提高了监管效率。

2019 年 1 月，南方电网电动汽车公司在深圳开出全国首份充电电费区块链电子发票，截至 2019 年 10 月，已累计开出 5000 多张电子发票。区块链电子发票改变了以往仅有交易双方信息的局限性，实时同步税务机关，有效规避了发票伪造行为，有力保障了数据的安全。

2020 年 8 月，迪拜水电局基于区块链技术建立了全国统一的电动汽车充电桩区块链网络，电动汽车消费者可通过该系统完成包括电动汽车充电桩注册、充电、计费和结算在内的所有交易，使得交易管理更加快捷、安全、高效。

（二）基于区块链技术的绿电感知平台在青海上线

2020 年 5 月，国网青海省电力公司研发的绿电感知平台上线试运行，这一应用从服务政府、企业和用户 3 个视角出发，开发了政府、企业和用户 3 个感知模块，能够实时展示 37 项绿电指标，形成了青海清洁能源全景分析展示新模式。该平台应用区块链技术、大数据分析技术采集相关运行数据，在全网范围开展潮流追溯，计算贡献值占比，形成风、光、水、火等电量结构，还原了用电客户能源消费结构，可以使用户深度参与，并直观了解用电结构、清洁能源占比及保护环境贡献度。

（三）基于区块链技术的电网平衡平台在欧洲试运行

基于区块链技术的电网平衡平台——Equigy 平台由微软 IBM 公司开发，目前由荷兰和德国部分地区的电网供应商 TenneT、意大利供应商 Terna 和瑞士供应商 Swissgrid 合作支持。Equigy 平台可以作为辅助服务市场与提供平衡服务的市场参与者之间的数字连接。该平台通过整合小型分布式发电、基于消费者的发电和消费单元积极参与电网稳定运行来释放灵活性，使小型柔性电力资源进入供电系统，降低可再生能源接入对电网的影响。

4.4.4 边缘计算

边缘计算是指一种在网络边缘进行计算的新型计算模式，主要特征是在物理距离上接近信息生成源，具有低延迟、能量高效、隐私保护、带宽占用减少、响应及时等优点。

2020 年 1 月，由苏州钧灏电力有限公司牵头的首个基于边缘计算的兆瓦级储能＋虚拟变电站项目即将进入安装调试阶段。该工程汇集了 5 座光伏发电站，充分运用分布式电源、储能与通信等技术，将其虚拟成一座变电站，利用 10kV 出线为周边负荷供电。该技术通过改变传统电力网络将各个电力终端采集的数据传输到主站进行统一处理的方式，避免了大量数据传输和主站数据处理成本。

4.4.5 电力通信（5G通信）

5G通信技术能够通过高速率的信息采集与传递，支撑海量电力系统运行数据的及时采集、传递、分析以及决策指令的快速传达，促进了电网智能化水平的提升。在电网领域中，5G技术可以在新能源消纳、电网安全生产运行、输变电提质增效、用户侧负荷柔性控制和精细化经营管理等5个方面发挥作用，实现发电、输电、变电、配电、用电、调度等环节设备及人员的泛在接入、全程在线，全面感知电网信息和设备状态，实现能源生产和消费的信息互通共享。5G技术在电网中的主要应用场景包括新能源及储能并网、输变电运行监视、配电网调控保护、用户负荷感知与调控、协同调度及稳定控制、规划投资和综合治理。

（一）5G技术应用于智能分布式配网保护

基于5G技术的智能分布式配网保护在合肥市滨湖新区中海20kV公用开关站内安装完成，可实现配网保护装置的端到端通信互访，进一步提高配网供电可靠性。该装置针对合肥滨湖新区存在的主干线上下级保护之间配合困难问题，借助具有高可靠性、安全性和低时延等特点的5G技术，实现配电线路故障的快速就地、精准隔离，隔离时间从分钟级缩短至毫秒级，减少了故障停电时间、停电范围。

（二）5G技术应用于高压换流站检修

2019年10月，国网河南省电力有限公司将5G技术应用到郑州中州特高压换流站年度检修工作中，实现了特高压换流站年度检修5G应用突破。5G技术的应用实现了关键检修过程实时数字化、网络化和可视化同步管控，使整个检修过程更加精准高效，作业管控准确性大幅提高，对保障整个检修过程的安全、高效具有重要意义。

（三）5G 技术应用于配网差动保护

2019 年 12 月，国内首套 5G 配网差动保护在四川眉山 10kV 金湖一线投入试运行。该技术以 5G 通道代替光纤通道，能够精确运用差动保护技术隔离故障点，从而最大限度保障用户用电需求，具有减少光缆敷设、降低成本投资、减少外力破坏风险、有效提升供电可靠性等特点。

（四）5G 技术应用于超级充电服务站

2020 年 7 月，珠海建成一批公共"5G＋充电桩"超级充电服务站，广泛服务于粤港澳地区的电动汽车。通过 5G 技术，充电场站不仅可整合车辆出入统计管理停车计费、视频监控实时关注场站现场情况、接入及发布政府民生信息等，还可运用大数据高效管理，对下属的充电桩及配套硬件实现快速响应，极大地提高了充电场站的运营、维护、管理及扩展能力。

（五）5G 技术应用于智能配电房巡检

2020 年 5 月，中国移动通信集团浙江有限公司宁波分公司与国网浙江省电力公司宁波供电公司共同打造的国内首个基于云化小基站标的 5G 智能配电房，在宁波市鄞州供电局落成并正式商用。该配电房基于 5G 网络的立体巡防实现了精准控制，打破以往指挥中心仅能通过遥测码值上送、遥信变位的方式获取现场信息的局限性，进一步提升遥视、遥测的体验感，使指挥人员如临现场，全方位感知现场情况，同时配合环境监测、红外监测的自动告警，可实时了解配电房的运行状态。

4.5 电力前沿技术发展展望

在建设清洁低碳、安全高效的现代能源体系背景下，电网结构及形态加快升级转型。电网运行面临形势更为复杂，新能源大规模接入、电力电子化特征凸显、多能系统耦合以及电力技术与信息通信技术深度融合，对电网发展带来重大挑战，也为技术创新提供了良好机遇。技术创新作为电网现代化的主要驱动力，需要在实现电网高质量发展的同时支撑能源革命，一方面从电网本体的角度推动物理基础设施升级，另一方面从互联网思维的角度推动先进信息通信技术与基础设施融合创新。

4.5.1 物理基础设施升级

随着新能源大规模接入以及不同品类能源的耦合，电网在结构形态和功能特征方面不断转型升级。

（一）电网的结构形态逐步趋向集中式与分布式电源接入并存、交直流电网混联、多能互补耦合

风光等新能源机组、电动汽车、储能、可调节负荷以及其他品类能源等新元素已逐步融入电网物理形态，多以电力电子化组态构成电气联系，形成集中式与分布式并存、交直流输变配混联的电网。在形态转型升级的过程中，离不开柔性直流输电、交直流配电网、先进储能、多能互补耦合等技术的推广应用，这些技术的特点分别如下：

（1）柔性直流输电技术方面。以柔性直流输电、灵活 FACTS 技术为代表的交直流输电技术，主要用于支撑"弱送端"条件下新能源的接入与规模送出、区域电网互联、潮流优化控制等。柔性输电技术的应用已使得电压等级、容量规模大幅升级，随着电力电子技术不断成熟和成本下降，有待实现大规模商业化推广应用。

（2）交直流配电网方面。结合交流配电的成熟、便利等优势与直流配电的损耗少、可靠性高等优势，交直流配电网可容纳更多分布式电源及多元化负荷的接入，有效提升配电网供电灵活可靠性，有待通过组件、模块化的连接方式，结合配用电更为丰富的应用场景提升用电综合效率，满足用户用能需求。

（3）先进储能技术方面。作为战略性新兴产业，储能技术能够为电网运行提供调峰、调频、备用、黑启动、需求响应支撑等多种服务，技术成本大幅下

降，部分已实现商业化运营，同时应用场景更趋丰富，近年来在数据中心、偏远地区供电、氢电集成等方面应用加快。

（4）多能互补耦合技术方面。尤其在用户侧智慧能源系统中，将电、热、冷、气等不同形式能源通过能源枢纽、能源路由等转换分配装置实现物理上的连接与交互，促进新能源高效消纳，提升综合用能效率，推动形成多能源共享的"生态循环系统"。

（二）电网的功能特征主要呈现出柔性与弹性兼备

源网荷储各环节、各元素通过物理、信息实现连接和汇聚，由点及面到系统提升灵活调节能力，提升电网的柔性、弹性。点表现在源侧可调节电源，网侧灵活结构，荷侧柔性负荷以及储能等灵活调节资源；面表现在源侧调节资源的整合、互补利用，网侧多形态电网的互联互济，荷侧用户资源的聚合响应，储能的灵活调节，如柔性负荷、虚拟电厂、微电网等；系统表现在源侧、网侧、荷侧及储能资源通过交互响应，以灵活高效的方式推动系统安全经济运行。通过源网荷储协调互动的整套解决方案支撑清洁能源的高效消纳，增强电网柔性调节能力，并基于柔性输电技术加强电网弹性，提升对特重大自然灾害、事故灾难等极端情况的承受和恢复能力。

4.5.2　基础设施融合创新

以大数据、人工智能、区块链、5G 通信等为代表的先进信息通信技术的终端应用不断丰富，从而细化了电力系统的应用场景，促进了与电网业务的融合程度，有力推动了电网的数字化和智慧化转型。

大数据技术方面，通过搭建信息数据管理平台，促进数据的汇接融通，增强数据流在不同业务间的贯穿性，未来在海量数据中可继续挖掘价值，发展数据驱动下的应用场景和增值服务。大数据技术在电网生产、经营管理和客户服务领域的融合应用已得到全面推进，未来仍有很大空间。人工智能技术方面，通过机器感知、机器学习、机器思维和智能行为模拟人类智能做出分析、判断和决策，未来在电力系统供需预测、智慧决策、运行维护等方面的应用将进一步深化，可有效提升电网智能化水平。区块链技术方面，对共享信息真实可信度以及安全性提供有力保障，该技术在存证类与授权管理类的电网业务场景中的应用较多，未来主要应用于以点对点模式为主的分散式电力交易机制、能源交易机制等交易类场景。5G 通信技术方面，5G 通信技术具有超大带宽、超高速率、高可靠超低延时、超多连接等特点，能够大幅提升网络通信能力。未来，5G 网络切片技术与电网业务的广泛、深入融合将进一步促进电网技术创新和电力新业态发展。

技术创新是推动电网高质量发展的一种主要手段，但如果不注重技术创新的系统性、整体性、协同性，则无法取得很好的效果。因此，在聚合、集成物理基础设施升级与融合基础设施创新的同时，需要综合考虑政策体系、市场机制等方面的影响，以电网现代化为价值目标，持续推动技术创新的迭代与进阶，才能最大程度发挥技术生产力作用。

4.6 小结

2019 年以来，输变配用电技术在核心技术研发、促进电网柔性可靠、提升智能化水平方面取得一系列成果，大数据、人工智能、区块链、5G 通信等先进信息通信、互联网技术的广泛应用，持续推动电网数字化、智慧化水平提升。

特高压交直流输电、柔性直流输电、海上风电、电网仿真等技术在核心器件与技术装备方面的突破应用，为电网结构更坚强可靠、灵活互动提供了有效的技术手段和支撑。特高压交直流输电技术方面，核心元器件及材料技术、智能化运维等持续突破与推广。柔性直流输电技术方面，特高压直流换流器实现工程应用，具有网络特性的超高压柔性直流电网组网，满足大规模清洁能源消纳要求。海上风电技术方面，规模化应用加快，主要集中于漂浮式风机，部分已纳入地区黑启动资源。电网仿真技术方面，大规模、复杂混联电网仿真技术在电网的实践应用加快。

交直流混合配电网、多能互补智能微电网、车网互动、智慧能源站和智慧变电站等配用电技术加速推广应用，为配电网更安全可靠、多元互动、灵活智慧提供了有效的技术手段和支撑。交直流混合配电网是解决不同电源、不同负荷灵活接入、有效配合大电网的最佳方式。多能互补智能微电网基于交直流混合配电系统和多能互补系统协调运行方式，提高可再生能源的消纳能力，实现微电网独立可靠供电，为用户提供高质量、绿色清洁的供电服务。电动汽车发展迅速，建立车联网数据共享与管理平台能够增强电动汽车用户与电网的互动。智慧能源站通过构建综合能源管理平台，实现源－网－荷－储相关信息实时收集分析，快速形成协调优化控制方案，实现多种能源在时间、空间、形式上的灵活转换，提高能源利用效率。智慧变电站结合先进信息通信技术和基于传感器的信息技术，可实现变电站状态全感知和信息互联共享。

物理储能、电化学储能应用场景不断丰富，在数据中心供能、偏远地区供电、氢电集成方面应用加快。物理储能方面，飞轮储能技术因其体积小、可靠性高、寿命长等优势，广泛应用于数据中心供能。电化学储能方面，锂电池储能通过模块化设计与变电站、配电台区等融合应用；液流电池系统因具有持续放电时间长、坚固耐用等特点，主要应用于偏远地区供电；氢储能因其具备可大规模储存、运输等优势，使氢电集成一体化应用场景加速形成。

以大数据、人工智能、区块链、5G通信等为代表的先进信息通信技术与电网系统深度融合，在提升电网数字化、智能化和智慧化方面发挥了巨大作用。大数据技术方面，通过构建数据管理平台整合数据资源，实现数据处理、分析与调用功能的一体化，打通数据壁垒，促进数据的汇聚、融合、共享、分发、交易、高效应用和增值服务。人工智能技术方面，主要应用在电网设备缺陷识别、运行故障分析与处理，基于人工经验聚合信息快速给出数据驱动下的电网治理方案，从而大幅提升故障处理速度和系统巡检效率。区块链技术方面，主要应用在存证类与授权管理类场景，对共享信息真实可信度以及安全性提供有力保障。5G 通信技术方面，主要应用于智能电网业务，其低时延、高可靠等特性可以满足保护系统、配电网自动化、精准管控等需求。

5

电网安全与可靠性

本章分析了2019年典型国家和地区电网的安全与可靠性现状，剖析了典型大规模停电事故的原因，总结了新冠肺炎疫情防控对完善电网安全应急体系的启示。

5.1 国内外电网可靠性

5.1.1 国外电网可靠性情况

（一）美国电网

2019 年美国电网户均停电频率 1.3 次/户，户均停电时间 291min/户。自 2014 年以来，除 2017 年因自然灾害导致户均停电时间显著高于其他年份外，美国的户均停电时间约为 200～400min/户，户均停电频率变化较小，稳定为 1.3～1.4 次/户。2014－2019 年美国户均停电频率、户均停电时间如图 5-1 所示。

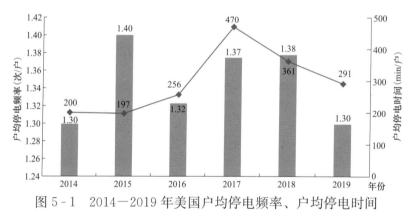

图 5-1　2014－2019 年美国户均停电频率、户均停电时间

数据来源：美国能源信息部（EIA），Annual Electric Power Industry Report。

（二）英国电网

2019 年，英国电网户均停电时间为 35.2min/户，较上年微降。从 2015－2019 年的数据看，2015 年户均停电时间最长，为 39.16min/户，自 2016 年开始较为稳定，保持为 34～36min/户，2015－2019 年英国户均停电时间如图 5-2 所示。

英国不同配电网运营商的供电可靠性差别较大。2019 年，苏格兰水电配电公司的户均停电时间最长，为 59.07min/户；伦敦电力网络公司最短，为 15.92min/户。2019 年英国不同配电公司户均停电时间如图 5-3 所示。

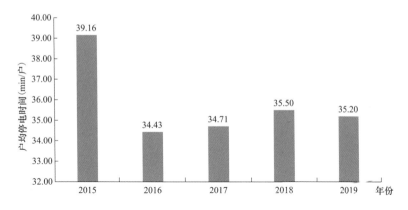

图 5-2 2015—2019 年英国户均停电时间

数据来源：英国天然气电力市场办公室（Ofgem），RIIO 配电年报。

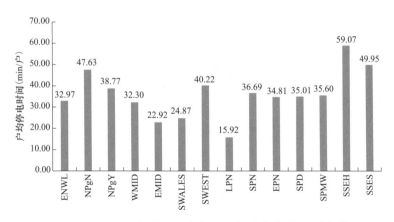

图 5-3 2019 年英国不同配电公司户均停电时间❶

---

❶ ENWL（Electricity North West Limited）—西北电力有限公司；

NPgN［Northern Powergrid（Northeast）Limited］—北方电网（东北）有限公司；

NPgY［Northern Powergrid（Yorkshire）plc］—北方电网（约克夏）有限公司；

WMID［Western Power Distribution（West Midlands）plc］—西部配电（西米德兰）有限公司；

EMID［Western Power Distribution（East Midlands）plc］—西部配电（东米德兰）有限公司；

SWALES［Western Power Distribution（South Wales）plc］—西部配电（南威尔士）有限公司；

SWEST［Western Power Distribution（South West）］—西部配电（西南）公司；

LPN（London Power Networks plc）—伦敦电力网络公司；

SPN（South Eastern Power Networks plc）—东南电力公司；

EPN（Eastern Power Networks plc）—东方电力有限公司；

SPD（SP Distribution plc）—SP 配电公司；

SPMW（SP Manweb plc）—SP 马其赛特郡和北威尔斯电力公司；

SSEH（Scottish Hydro Electric Power Distribution plc）—苏格兰水电配电公司；

SSES（Southern Electric Power Distribution plc）—南方电力配电公司。

（三）日本电网

2018 年 9 月，日本先后遭遇了 25 年来最强台风及 6.9 级地震，导致近 20
年最大规模停电。2018 财年，日本户均停电频率 0.31 次/户，户均停电时间
225min/户，均为 2011 年以来最高值。2000－2018 财年日本户均停电频率、户
均停电时间如图 5-4 所示。

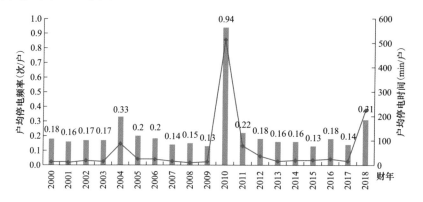

图 5-4　2000－2018 财年日本户均停电频率、户均停电时间

数据来源：日本电气事业联合会（FEPC），Infobase 2019。

2018 财年，不同事故原因导致的停电次数共 24 620 次，同比增加 109％，
主要原因为风/水灾发生频率大幅增加。2018 财年日本不同事故原因导致的停
电次数统计如图 5-5 所示。由图 5-5 可知，导致停电的主要原因仍为风/水灾、
外物接触（如树木、动物、风筝等）和设备不良/维护不善（如制造、施工缺
陷等），共导致发生停电 19 613 次，占总停电次数 79.7％。

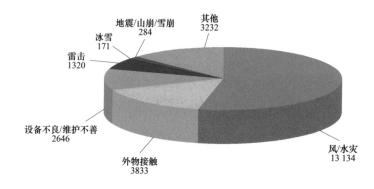

图 5-5　2018 财年日本不同事故原因导致的停电次数统计

（四）德国电网

2018年，德国户均停电时间为13.91min/户，较上年微降。2009年以来，户均停电时间一直保持在16min/户以下，2014—2016年更是降至13min/户以下，2017、2018年有所增加，近五年平均为13.35min/户。2006—2018年德国户均停电时间如图5-6所示。

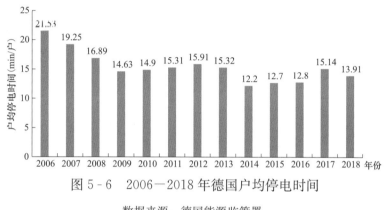

图5-6 2006—2018年德国户均停电时间

数据来源：德国能源监管署。

5.1.2 中国电网可靠性情况

（一）全国供电可靠性

2019年，全国平均供电可靠率99.843%，同比上升0.023个百分点；户均停电时间13.72h/户，同比减少2.03h/户；户均停电频率2.99次/户，同比减少0.29次/户。其中，全国城市、农村地区平均供电可靠率分别为99.949%和99.806%，两者相差0.143个百分点；户均停电时间分别为4.50h/户和17.03h/户，两者相差12.53h/户；户均停电频率分别为1.08次/户和3.67次/户，两者相差2.59次/户。2019年中国供电系统用户供电可靠性指标汇总见表5-1。

表5-1 2019年中国供电系统用户供电可靠性指标汇总

可 靠 性 指 标	全口径 (1+2+3+4)	城市 (1+2+3)	市中心 (1)	市区 (2+)	城镇 (3)	农村 (4)
等效总用户数（万户）	1009.96	267.04	26.53	115.05	125.47	742.91

续表

可 靠 性 指 标		全口径 (1+2+3+4)	城市 (1+2+3)	市中心 (1)	市区 (2+)	城镇 (3)	农村 (4)
用户总容量（亿 kV·A）		37.25	17.70	2.54	8.42	6.73	19.55
线路总长度（万 km）		487.70	95.74	12.25	40.98	42.52	391.95
架空线路绝缘化率（%）		27.52	60.72	65.57	72.84	53.26	23.65
线路电缆化率（%）		17.74	56.23	78.64	65.02	41.31	8.34
平均供电可靠率（%）	*	99.843	99.949	99.978	99.961	99.931	99.806
	**	99.846	99.949	99.978	99.961	99.932	99.809
户均停电时间 （h/户）	*	13.72	4.5	1.95	3.44	6.02	17.03
	**	13.45	4.44	1.95	3.39	5.93	16.69
户均停电频率 （次/户）	*	2.99	1.08	0.48	0.83	1.44	3.67
	**	2.95	1.07	0.48	0.83	1.43	3.62
户均故障停电时间 （h/户）	*	5.51	1.70	0.73	1.38	2.19	3.62
	**	5.24	1.63	0.72	1.33	2.10	6.88
预安排平均停电时间（h/户）		8.21	2.81	1.23	2.06	3.82	10.15

数据来源：2019 年全国电力可靠性年度报告。

注 1—市中心区；2—市区；3—城镇；4—农村。

＊—剔除重大事件前指标；＊＊—剔除重大事件后指标。

2015—2019 年，中国城市地区用户的平均供电可靠率保持为 99.941%～99.953%，户均停电时间保持为 4.08～5.20h/户，户均停电频率保持为 1.03～1.22 次/户。农村地区用户的平均供电可靠率保持为 99.758%～99.855%，户均停电时间保持为 12.74～21.23h/户，户均停电频率保持为 3.00～4.39 次/户。城市、农村地区供电可靠性变化趋势总体一致，2016 年以来逐年提升。2015—2019 年中国供电系统平均供电可靠率变化、户均停电时间变化、户均停电频率变化分别如图 5-7～图 5-9 所示。

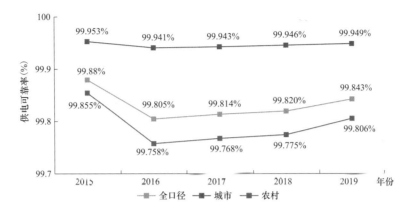

图 5-7　2015－2019 年中国供电系统平均供电可靠率变化

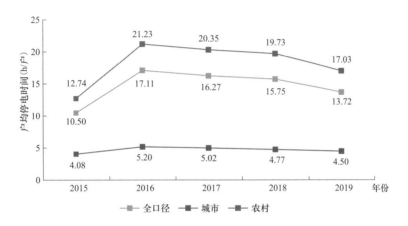

图 5-8　2015－2019 年中国供电系统户均停电时间变化

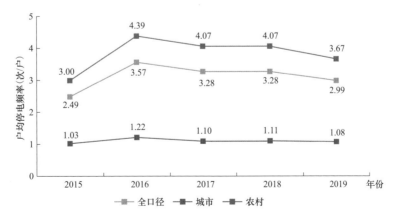

图 5-9　2015－2019 年中国供电系统户均停电频率变化

（二）区域供电可靠性

2019 年，全国六个区域中❶，华东区域供电可靠性平均水平领先，西北区域存在差距。

华东、华北的全口径、城市地区和农村地区户均停电时间均低于全国平均值（全国数据分别为 13.72h/户、4.50h/户和 17.03h/户）。华东区域内城市与农村地区户均停电时间相差最小，差值为 5.74h/户；西北区域内城市与农村地区户均停电时间相差最大，差值为 20.59h/户。2019 年各区域全口径、城市地区和农村地区户均停电时间如图 5-10 所示。

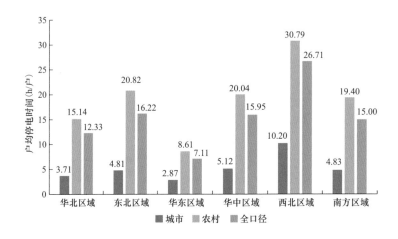

图 5-10 2019 年各区域全口径、城市地区和农村地区户均停电时间

华东、华北的全口径、城市地区和农村地区户均停电频率均低于全国平均值（全国数据分别为 2.99 次/户、1.08 次/户和 3.67 次/户）。华东区域内城市与农村地区户均停电频率相差最小，差值 1.61 次/户；南方区域内城市与农村地区户均停电频率相差最大，差值 4.11 次/户。2019 年各区域全口径、城市地区和农村地区户均停电频率如图 5-11 所示。

---

❶ 划分依据：2019 年全国电力可靠性年度报告。华北区域包括北京、天津、河北、山西、山东、内蒙古；东北区域包括黑龙江、吉林、辽宁；华东区域包括江苏、浙江、上海、安徽、福建；华中区域包括河南、湖北、湖南、江西、四川、重庆、西藏；西北区域包括陕西、甘肃、宁夏、青海、新疆；南方区域包括广东、广西、云南、贵州、海南。

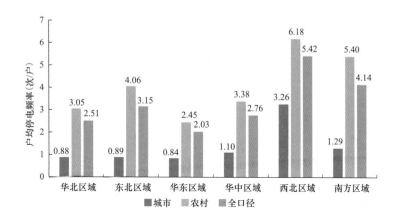

图 5-11　2019 年各区域全口径、城市地区和农村地区户均停电频率

（三）重点城市供电可靠性

2019 年，全国 50 个主要城市（4 个直辖市、27 个省会城市、5 个计划单列市及其他 14 个 2019 年 GDP 排名靠前的城市）用户数占全国总用户数的 32.16%，用户总容量占全国用户总容量的 48.13%。50 个主要城市户均停电时间为 6.04h/户，比全国平均值低 7.68h/户，其中城市地区为 2.22h/户，比全国平均值低 2.28h/户；农村地区为 8.28h/户，比全国平均值低 8.75h/户。

上海、深圳、厦门的户均停电时间低于 1h/户，拉萨、长春超过 15h/户；厦门、上海、广州、杭州、深圳、北京的城市地区户均停电时间低于 1h/户，拉萨、呼和浩特超过 5h/户；上海、深圳、厦门、佛山的农村地区户均停电时间低于 2h/户，拉萨、沈阳超过 20h/户。

2019 年 50 个主要城市的户均停电时间总体上大幅减少。39 个城市的户均停电时间降幅超过 10%，14 个城市降幅超过 50%，其中，绍兴、上海和深圳降幅超过 70%，分别为 76.59%、74.37% 和 71.40%。6 个城市的户均停电时间同比增加，其中，乌鲁木齐和呼和浩特增幅超过 20%，分别为 54.75% 和 20.76%。2019 年 50 个主要城市户均停电时间对比（全口径）如图 5-12 所示。

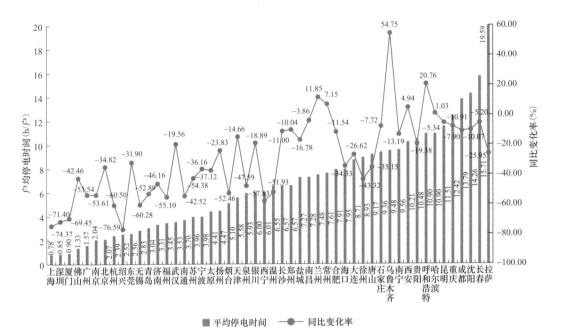

图 5-12 2019 年 50 个主要城市户均停电时间对比（全口径）

5.2 国外电网典型停电事件分析

2019 年以来，美国、南美洲等地区或国家发生 5 次大面积停电事故，给当地经济社会带来巨大的负面影响。2019 年以来国外大规模停电事故信息见表 5-2，其中 2019 年的几次大停电事故在《2019 年国内外电网发展分析报告》中已有论述，下面仅对 2020 年委内瑞拉大停电事故和美国加州限电进行分析。

表 5-2　　　　　　　　2019 年以来国外大规模停电事故信息

事故分类	时间	地　　区	影响（负荷、人口、生产生活等）
水电站故障	2019 年 3 月 7 日	委内瑞拉首都加拉加斯在内的 20 个州	影响约 3000 万人
输电线路短路	2019 年 6 月 16 日	阿根廷、巴西、智利、乌拉圭和巴拉圭的一些地区	影响约 4800 万人
继电保护系统故障	2019 年 7 月 14 日	美国纽约曼哈顿部分地区	约 7.3 万用户停电，波及 160 万人正常生活

事故分类	时间	地　　区	影响（负荷、人口、生产生活等）
输电线路故障	2020 年 5 月 5 日	委内瑞拉首都加拉加斯在内的 23 个州	7 个州停电率在 70％左右，12 个州停电率在 50％左右
光伏电站占比高，负荷需求大，叠加体制分散	2020 年 8 月 14 日至 18 日	美国加州	多达 330 万用户停电

5.2.1　委内瑞拉大停电

（一）停电基本情况

（1）基本情况。

2019 年，委内瑞拉电网发生了多次全国大范围停电事故，全国 23 个州中包括首都加拉加斯在内的 20 个州遭遇大停电，受影响人数超过 3000 万，占全国人口总数的 95％。由于停电，委内瑞拉部分地区供水、通信、公共交通等受到严重影响，导致民众无法进行正常生活和生产。

2020 年 5 月 5 日下午 3 点 40 分，Netblocks 发布消息称委内瑞拉国内发生大范围停电事故，该国包括首都加拉加斯在内的 23 个州均出现停电，其中塔奇拉州、巴里纳斯州、瓦尔加斯州、波图格萨州、法尔孔州、梅里达州、特鲁西略州 7 个州影响较大，停电率 70％左右；苏利亚州、雅拉奎州、米兰达州、拉腊州等 12 个州停电率 50％左右。停电导致委内瑞拉国内互联网连接率降低至正常水平的 60％。

（2）委内瑞拉国内观点。

委内瑞拉官方观点：委内瑞拉副总统德尔西•罗德里格斯在推特上公开表示美国对委内瑞拉电网的袭击是本次停电的原因。她指出"在恐怖袭击委内瑞拉的企图遭到挫败的几个小时之后，国家电力系统 765kV 主干输电线遭受了攻击。我们已经在恢复服务，团结的委内瑞拉必胜。"

委内瑞拉反对派观点：以胡安•瓜伊多为代表的反对派及其支持者说，电力系统遭到破坏是执政者能力不足导致公共行政管理自身出了问题。

（二）深层次原因分析

（1）直接原因。

委内瑞拉 765kV 主干网架受到袭击是本次停电发生的直接原因。765kV 交流输电线路主要负责从东部的古里水电站向该国西北部的负荷中心输送 8000MW 的水电，765kV 受端变电站共有 4 座，从古里水电站到受端变电站之间的距离较长，约为 760km，之间有两个枢纽变电站，主要目的是进行无功补偿。

通过对委内瑞拉 765kV 交流输电线路结构进行分析可以看出，委内瑞拉电源结构单一，电网网架相对薄弱，总体电源呈东电西送特点。765kV 交流输电线路是委内瑞拉国家输电主干线，负责该国 85% 的电力传输，在出现输电中断时很容易出现大面积停电事故。

（2）间接原因。

一是委内瑞拉国内政局不稳。委内瑞拉国内目前有"两个总统、两股力量"，一股是以尼古拉斯·马杜罗为首的左翼政府，一股是以美国为首的西方国家支持的反对派领袖胡安·瓜伊多。总统尼古拉斯·马杜罗是前总统乌戈·拉斐尔·查韦斯·弗里亚斯政治衣钵继承人，真正握有总统实权且有军队支持。反对派领袖胡安·瓜伊多是 2019 年美国等 50 个国家公开质疑委国内选举结果而支持的反对派领导人，其把持了国民议会反对马杜罗政权。近一年来美国颠覆委国内政局的行动不断升级，委内瑞拉政局动荡局势不断加剧。

二是政府无暇顾及电力发展。委内瑞拉电力由政府定价，基于高福利政策，电费远低于正常市场价格，主要依靠政府补贴，行业运行背离市场规律，内生发展动力严重不足。美国近年来不断加大对委内瑞拉政府及其组成部门和机构、中央银行石油公司制裁力度，委内瑞拉的黄金业、石油业、金融业、防务和安全行业受到较大影响，电源、电网投资建设长期停滞，过去十年间规划的十几座火电厂均未投产，严重损害了电力行业健康发展基础。

（三）启示

电网作为"安全电源"对国家安全极度重要。拥有合理的电源布局、坚强的电网结构、灵活的柔性负荷是预防大面积停电的坚实基础。此外，需严防境外敌对势力的渗透破坏活动。

5.2.2　美国加州限电

（一）美国加州 20 年来又一次"电力危机"

本次事件可追溯至美国西部时间 2020 年 8 月 14 日，加利福尼亚州电力系统独立运营商（CAISO）发布三级紧急状态，这是 20 年来第一次，一度中断超过 40 万企业与家庭的电力供应，持续了大约 1h。

2020 年 8 月 15 日，CAISO 再次对用户实施轮流停电，超过 20 万用户受到影响。轮流停电措施持续至 8 月 19 日。轮流停电期间，CAISO 预计最大电力缺口约 440 万 kW，相当于 330 万户的居民用电。为此，建议相关供电公司每天 15：00—22：00 进行持续时长 1～2h 的轮流停电，并呼吁电力用户在该时间段减少空调、电动汽车等大功率负荷用电。

（二）加州轮流停电暴露出的两大问题

一是高渗透率光伏电源接入，叠加热浪袭击、疫情居家等因素，激化电力供需矛盾。此次事件再次暴露出，光伏出力特性给电网安全稳定运行造成巨大影响。截至 2019 年底，加州光伏发电的装机容量为 2740 万 kW，占全美光伏发电装机容量的 36％，高居全美第一。2019 年，加州光伏发电量占加州总发电量的 20％。在高比例光伏接入情况下，加州负荷曲线为"鸭型"曲线，即电网负荷曲线在中午附近到达低点，在 15：00 之后开始上升，负荷曲线峰谷差大，为加州电力调度带来困难。为此，加州一直非常重视需求响应发展，通过相关激励手段，调动用户侧灵活资源参与响应的积极性，以解决电力供需矛盾。但是，此次罕见热浪袭击，加之受疫情影响，居民大多居家，使得空调等大功率负荷激增，大大激化了原有电力供需矛盾。

二是供需紧张情况下，上游能源供应价格高涨推动电价高涨。电力供需紧张在电力及上游能源市场造成了一系列连锁影响。加州在电源侧的调峰资源，很大程度依靠天然气机组，在当时情况下，加州天然气价格三天内上涨 2.19 美元/m³，平均价格达到 6.655 美元/m³，涨幅达到 50%。天然气价格迅速上涨直接传导到电力现货市场，导致尖峰电价最高达 1000 美元/（MW•h），高出第三季度平均水平 20～30 倍。

（三）本次加州"电力危机"对我国的启示

一是多情形叠加会极限考验电网安全稳定运行能力。一方面，光伏发电、风电等电源出力具有波动性、反调峰性，高比例接入情形下对电网安全稳定运行造成的威胁不容忽视，急需开展电力电子化电力系统稳定性基础分析、电力电子化电源的宽频带振荡特性等基础理论研究，完善电力系统稳定计算标准体系，突破海量超电磁暂态仿真技术瓶颈，提高电网仿真分析能力，支撑对电网特性的深度认知。另一方面，在电网安全运行中，考虑单一因素具有一定局限性，多种情景叠加将进一步考验电网供电能力，需要在规划、运行、营销乃至应急等环节予以充分考虑，才能确保供电可靠性。

二是加强源网荷储协同互动，充分利用用户侧灵活资源，是化解电力供需矛盾的重要途径。随着分布式电源、储能系统、电动汽车等领域相关技术不断发展，通过聚合、协调优化等手段，负荷侧灵活资源有着极大的开发利用空间。美国加州长期重视发挥用户侧潜力，在此次事件中，CAISO 呼吁用户通过错峰用电、调高空调温度等措施化解供需矛盾。我国经过多年摸索，在源网荷储协同互动方面开展了一系列探索，灵活资源利用上取得了显著成效，江苏建成大规模源网荷友好互动系统，对柔性负荷进行策略引导和集中控制，具备 260 万 kW 毫秒级、376 万 kW 秒级精准负荷控制能力，有效增强了电网安全供应保障能力。江苏、上海等省（市）通过需求响应实现削峰填谷，为应对电力供需矛盾、保障电网安全作出积极贡献。

　　三是发挥体制优势保障电力民生领域价格稳定，是应对电力供需矛盾、极端灾害等场景的重要保障。电力服务具有普惠特点，涉及民生问题。本次加州停电事件中，电价飞涨加重了疫情期间居民、企业经济负担，对经济社会发展造成巨大影响，因此，加州州长纽森表示"在没有事先警告或没有足够准备时间的情况下，停电是不可接受的"，要求相关能源监管机构对此次事件进行深入调查。而中国在新冠肺炎疫情期间电网企业主动担当，扎实落实国家电价优惠政策要求，并进一步降电价，有力支撑国家"六稳""六保"目标实现，充分体现了中国体制优势。

5.3　新冠肺炎疫情防控对完善电网安全应急体系的启示

　　2020年初出现的新冠肺炎疫情是一场传播速度快、感染范围广、防控难度大的重大突发公共卫生事件。中国在党中央的坚强领导下，防控工作取得阶段性成效，体现了中国特色社会主义制度优势。新冠肺炎疫情防控的经验，对进一步完善电网安全应急体系具有一些启示。

　　（一）早响应、更主动，加强电网风险监测预警

　　风险监测预警可为应急响应赢得时间，实现早响应、早主导。此次疫情早期，风险预警存在不足，但正式确认疫情后，及时公开信息，中国采取有力有效应对措施，取得了很好效果。反观国外，部分国家不顾疫情风险信息警示，导致疫情蔓延急速加剧，给全球疫情防控带来很大不确定性。这启示我们：风险预警是应急响应的第一道关口，决定着应急响应的速度，应该建立专业、及时、高效和透明的风险信息报告和处理机制。

　　（二）防扩散、控影响，严格防止连锁反应

　　应急事件一旦发生，防止事态扩散、控制影响传播是应急响应的最关键措施。疫情防控初期，中国即果断采取全面、彻底、严格的举措，及时有效地阻断了疫情传播链条和扩散途径，把影响控制在较小范围内。这启示我们：要在

事故苗头发生时，通过有力有效的防控措施，严格控制事故影响范围，避免发生大规模连锁反应和次生灾害。

（三）建储备、强保障，优化应急资源管理

充足的资源储备和高效的资源调配是应急响应的坚强保障。疫情防控初期，受物资储备不足和病患突增影响，武汉甚至湖北各大定点医院医疗物资严重急缺，治疗床位和医护力量紧张。针对该情况，中共中央组织全国力量，推动医疗器械等物资保障企业复工复产，以"一省包一市"方式，向湖北对口支援医疗物资和医疗队伍，取得良好效果。这启示我们：针对突发情况，物资、装备、人员等应急资源储备和恢复通信、保障供电等应急手段至关重要。要科学合理布局应急资源储备，重视发挥数字化档案的信息支撑作用和集团跨区域协作的组织优势，把应急工作做实做细、把内部资源备齐备足、把社会资源整合到位。

（四）打好人民战争、总体战，引导上下游共同参与应急保障

从阻击战到人民战争、总体战，代表了中共中央对疫情防控工作认识上的深化、措施上的升级、力量上的强化，也是集中力量办大事的社会主义制度优势的最好体现。中共中央广泛发动人民群众联防联控，构筑疫情防控的人民防线，统筹协调卫生、物资、交通、电力、经济运行、社会稳定等各条战线，汇聚起了抗击疫情的强大合力。这启示我们：重大的电网应急也要有人民战争、总体战思想，通过引导发电侧、用户侧以及电力设备供应商等产业上下游和全社会共同参与应急处置，是维护供用电秩序的有力保障。

（五）明责任、强法治，完善电网应急的政策法律环境

坚持法治思维和法治方式，明确各方职责任务，是统筹推进各项工作的根本要求。疫情联防联控期间，个别地区出现了私自设卡、扣押物资、拒绝隔离、囤积居奇等违背法治的偏颇做法，国家及时予以依法整治，并提出全面依法抗击疫情总要求。这启示我们：需从维护全社会整体公共安全的角度出发，推动建立完善的涉电法律法规，进一步明确各方应急责任和义务，设立和完善

应急条款，强化电网统一调度权，依法保障各方权益。

（六）勤演练、常态化，提高全社会应对大停电的实战能力

常态化应急演练是落实应急预案、培育应急能力、检验应急效果的重要手段。疫情防控期间，中国政府、企业、民众等各界力量深度参与联防联控，但由于缺乏常态化、大规模演练，也出现了物资运输不畅、物资调配低效、患者转运组织混乱、社区生活物资供应不足等问题。这启示我们：针对社会波及面大的应急事件，需要强化常态化、大规模应急演练，提高跨部门、跨行业的协调与组织能力，提升应急响应处置的效果，必要时可增加极端场景的应急演练。

5.4　小结

2019 年，除灾害影响外，各国供电可靠性普遍提升或稳定在较高水平。2019 年美国电网户均停电频率 1.3 次/户，户均停电时间 291min/户。从 2013 年以来的数据看，2017 年美国户均停电时间显著高于其他年份，这主要是当年遭受飓风、冰雹等自然灾害所致。2019 年，英国电网户均停电时间为 35.2min/户，较上年微降。从 2015－2019 年的数据看，2015 年户均停电时间最长，为 39.16min/户，自 2016 年开始较为稳定，保持为 34～36min/户。2018 年 9 月，日本先后遭遇了 25 年来最强台风及 6.9 级地震，导致近 20 年最大规模停电，当年户均停电频率 0.31 次/户、户均停电时间 225min/户，均为 2011 年以来最高。2019 年，德国户均停电时间 13.91min/户，近几年比较稳定。

2019 年，中国供电可靠性进一步提升，平均供电可靠率 99.843%，同比上升 0.023 个百分点；户均停电时间 13.72h/户，同比减少 2.03h/户；户均停电频率 2.99 次/户，同比减少 0.29 次/户。其中，全国城市、农村地区平均供电可靠率分别为 99.949% 和 99.806%，相差 0.143 个百分点，差距比上年进一步缩小。

2020 年，新冠肺炎疫情是一场传播速度快、感染范围广、防控难度大的重大突发公共卫生事件。在中共中央的坚强领导下，中国防控工作取得阶段性成效，体现了中国特色社会主义的制度优势。电网安全应急体系可以在加强监测预警、严防连锁反应、优化资源管理、引导上下游共同参与保障、完善政策法律环境和提高实战能力等方面进一步完善。

参 考 文 献

［1］ World Bank. GDP and Main Components 2014－2019.

［2］ American Public Power Association. America's Generation Capacity 2014－2019.

［3］ IEA. Electricity Information 2014－2019.

［4］ FERC. Energy Infrastructure Update for December 2014－2019.

［5］ Enerdata. Energy Statistical Yearbook 2020.

［6］ NERC. Winter Reliability Assessments 2014－2019.

［7］ NERC. Summer Reliability Assessment 2014－2019.

［8］ NERC. Long Term Reliability Assessment 2014－2019.

［9］ DOE. Quadrennial Energy Review - Transforming the Nation's Electricity System.

［10］ Eurostat. GDP and Main Components，2014－2019.

［11］ ENTSO - E. Statistical _ Factsheet _ 2014－2019.

［12］ ENTSO - E. TYNDP 2020 List of Projects for Assessment.

［13］ ENTSO - E. Summer _ Outlook _ 2019 and Winter Review 2019－2020.

［14］ ENTSO - E. Winter Outlook Report 2018/2019 and Summer Review 2019.

［15］ ENTSO - E. Mid - term Adequacy Forecast 2019.

［16］ OCCTO. Outlook of Electricity Supply - Demand and Cross - regional Interconnection Lines F. Y. 2019.

［17］ OCCTO. Aggregation of Electricity Supply Plans for FY2019.

［18］ OCCTO. Annual Report F. Y. 2019.

［19］ OCCTO. Economic and Energy Outlook of Japan through FY2019.

［20］ OCCTO. Long - term Cross - regional Network Development Policy.

［21］ IEE. Economic and Energy Outlook of Japan through FY2019.

［22］ METI. Japan's Energy Plan.

［23］2026 Brazilian Energy Expansion Plan.

［24］Brazilian Energy Balance 2019.

［25］Eletrobras Relatorio Anual 2019.

［26］Power Grid Corporation of India Ltd. Annual Report‐Final 2018.

［27］Annual Report Ministry of Power 2019－2020.

［28］Monthly Report POSOSO 2019－2020.

［29］Power Grid Corporation of India Ltd. Transmission Plan for Envisaged Renewable Capacity.

［30］CEA. Draft National Electricity Plan Volume I Generation.

［31］CEA. Draft National Electricity Plan Volume II Transmission.

［32］CEA. Executive Summary of Power Sector 2014－2019.

［33］AFREC. Africa Energy Database 2019.

［34］AfDB. Atlas of Africa Energy Resources 2019.

［35］国家能源局.2019年度全国可再生能源电力发展监测评价报告.2020.

［36］国家能源局，中国电力企业联合会.2019年全国电力可靠性年度报告.2020.

［37］中国电力企业联合会.中国电力行业年度发展报告2020.北京：中国建材工业出版社，2020.

［38］中国电力企业联合会.2019年全国电力工业统计快报.2020.

［39］中国电力企业联合会.2019年全国电力工业统计.2020.

［40］北京电力交易中心.2019年电力市场交易年报.2020.

［41］国家电网有限公司.2019年国家电网公司社会责任报告.2020.

［42］国家电网有限公司.2019年电网发展诊断分析报告.2020.

［43］国家电网有限公司.输变电工程造价分析（2019年版）.2020.

［44］南方电网有限公司.2019年南方电网公司社会责任报告.2020.

［45］电力规划设计总院.中国能源发展报告2019.北京：人民日报出版社，2020.

［46］电力规划设计总院.中国电力发展报告2019.北京：人民日报出版社，2020.